三维建模及应用

段 念 吴明忠 主 编
黄国钦 施炜斌 胡中伟 副主编

清华大学出版社
北 京

内 容 简 介

本书是华侨大学校级规划教材，获华侨大学教材建设基金立项资助。全书内容分为"理论篇"和"实践篇"，共 11 章。"理论篇"除绪论外，主要讲解计算机辅助单元技术、三维几何建模技术和产品三维数字化设计与制造标准体系及基础标准；"实践篇"突出 SOLIDWORKS 2020 软件知识，以机械零件三维建模典型项目展开，采用"图解"风格，多图表，少文字，由浅入深、循序渐进地讲解零件建模、装配体设计、工程图、运动分析、动画及三维建模典型应用等，具有较强的专业性和实用性。

本书可作为高等学校本科非机类、近机类各专业的课程教材，也可供中等职业及高等职业学校的教师和有关的工程技术人员参考。

本书封面贴有清华大学出版社防伪标签，无标签者不得销售。

版权所有，侵权必究。举报：010-62782989，beiqinquan@tup.tsinghua.edu.cn。

图书在版编目(CIP)数据

三维建模及应用 / 段念，吴明忠主编 . -- 北京：清华大学出版社, 2024.8. -- ISBN 978-7-302-66740-7

Ⅰ . TP391.414

中国国家版本馆 CIP 数据核字第 2024YA5590 号

责任编辑：刘远菁
封面设计：常雪影
版式设计：方加青
责任校对：马遥遥
责任印制：宋　林

出版发行：清华大学出版社
网　　址：https://www.tup.com.cn, https://www.wqxuetang.com
地　　址：北京清华大学学研大厦 A 座　　邮　　编：100084
社 总 机：010-83470000　　邮　　购：010-62786544
投稿与读者服务：010-62776969, c-service@tup.tsinghua.edu.cn
质 量 反 馈：010-62772015, zhiliang@tup.tsinghua.edu.cn
印 装 者：三河市东方印刷有限公司
经　　销：全国新华书店
开　　本：185mm×260mm　　印　　张：13.25　　字　　数：291 千字
版　　次：2024 年 8 月第 1 版　　印　　次：2024 年 8 月第 1 次印刷
定　　价：59.00 元

产品编号：104297-01

前言

党的二十大报告指出："坚持把发展经济的着力点放在实体经济上，推进新型工业化，加快建设制造强国、质量强国、航天强国、交通强国、网络强国、数字中国。实施产业基础再造工程和重大技术装备攻关工程，支持专精特新企业发展，推动制造业高端化、智能化、绿色化发展。"可见，"智能化"已经成为我国制造业的重要奋斗目标。

智能制造是基于新一代信息通信技术与先进制造技术的深度融合，贯穿于设计、生产、管理、服务等活动的各个环节，具有自感知、自学习、自决策、自执行、自适应等功能的新型生产方式。智能制造对产品数字化建模技术的发展提出了更高的要求。CAD软件作为制造业软件的核心工具之一，已经渗透到制造型企业的研发设计和生产经营管理等环节。企业应用CAD软件的目的已从单纯提升设计效率上升到兼顾设计效率与企业信息化管理的更高层次。在设计软件应用领域，三维建模已逐渐取代二维绘图，成为机械设计师的主要设计工具。企业越来越青睐掌握三维建模技术和机电工程专业知识的人才。

全书内容分为"理论篇"和"实践篇"，共 11 章。"理论篇"除绪论外，主要讲解计算机辅助单元技术、三维几何建模技术和产品三维数字化设计与制造标准体系及基础标准；"实践篇"突出 SOLIDWORKS 2020 软件知识，以机械零件三维建模的典型应用案例为主线，采用"图解"风格，多图表，少文字，由浅入深、循序渐进地讲解零件建模、装配体设计、工程图、运动分析、动画及三维建模典型应用等，具有较强的专业性和实用性。SOLIDWORKS软件是当前机械设计制造领域流行的一款三维设计软件，其应用涉及汽车制造、机器人、数控机床、通用机械、航空航天、生物医药及高性能医疗器械等众多领域。通过对本书的学习与训练，读者将对机械设计基础、机械结构等专业知识有更清晰的了解，同时对SOLIDWORKS软件操作技能有较好的掌握。

本书由华侨大学机电及自动化学院教师段念、吴明忠担任主编，黄国钦、施炜斌、胡中伟任副主编。段念负责全书统稿，并承担书中"理论篇"四章内容的编写工作；吴明忠承担"实践篇"第5章、第6章、第9章内容的编写工作；施炜斌承担"实践篇"第10章和第11章内容的编写工作，黄国钦承担"实践篇"第7章内容的编写工作，胡中伟承担"实践篇"第8章内容的编写工作。感谢华侨大学工程图学协会21级和22级机械工程专业李军辉、罗金海、陈泽苘、傅玮、于舒铭和姚佳鹏同学为本书制作了精美的插图。

由于编者水平有限，书中难免有一些不妥之处，恳请各位读者批评、指正。反馈邮箱：wkservice@vip.163.com。

为更好地服务读者，本书附赠多媒体教学资源、电子课件等，读者扫描下方二维码并填写相关验证信息即可下载。

电子课件　　第5~9章案例　　第10章案例　　第11章案例

编者

2024年1月20日

目 录

理 论 篇

第1章 绪论 ………………………………… 2
1.1 产品数字化设计建模技术 …………… 2
1.2 产品的数字化信息定义 ……………… 3
1.3 产品的数字化建模技术 ……………… 8
1.4 产品数字化建模的应用 ……………… 9
思考题 ………………………………………… 10

第2章 计算机辅助单元技术 …………… 11
2.1 概述 …………………………………… 11
2.2 计算机辅助设计 ……………………… 11
2.3 计算机辅助工程 ……………………… 12
2.4 计算机辅助工艺设计 ………………… 13
2.5 计算机辅助制造 ……………………… 14
2.6 计算机辅助设计与制造技术的发展
    及应用 ………………………………… 14
　　2.6.1 计算机辅助设计与制造技术的发展
　　　　　历程 …………………………… 14
　　2.6.2 CAD/CAM系统主要工作流程 …… 18
　　2.6.3 CAD/CAM技术的软件应用 ……… 19
　　2.6.4 CAD/CAM技术的发展趋势 ……… 20
思考题 ………………………………………… 23

第3章 三维几何建模技术 ……………… 24
3.1 三维几何建模方法概述 ……………… 24

3.2 线框建模技术 ………………………… 24
　　3.2.1 线框建模的原理 ………………… 24
　　3.2.2 线框建模的特点 ………………… 25
3.3 曲面建模技术 ………………………… 26
　　3.3.1 曲面建模的原理 ………………… 26
　　3.3.2 曲面建模的特点 ………………… 27
　　3.3.3 曲面建模的方法 ………………… 28
3.4 实体建模技术 ………………………… 28
　　3.4.1 实体建模的原理 ………………… 28
　　3.4.2 实体模型的特点 ………………… 28
　　3.4.3 实体生成的方法 ………………… 28
　　3.4.4 实体模型的表示方法 …………… 30
3.5 特征建模技术 ………………………… 33
　　3.5.1 特征建模的概念 ………………… 33
　　3.5.2 特征的分类 ……………………… 33
　　3.5.3 基于特征的产品信息模型 ……… 35
　　3.5.4 特征建模的特点 ………………… 36
　　3.5.5 特征建模的基本步骤 …………… 36
思考题 ………………………………………… 37

第4章 产品三维数字化设计与制造
　　　标准体系及基础标准 …………… 38
4.1 产品制造信息的表示 ………………… 38
4.2 产品模型数据交换标准 ……………… 39

4.2.1 初始图形交换规范(IGES) …… 39
4.2.2 产品模型数据交换标准(STEP) …… 40
4.2.3 产品数据交换标准存在的不足 …… 41
4.3 产品建模技术与工程应用 …… 41
 4.3.1 轻量化设计 …… 41
 4.3.2 衍生式设计 …… 42
 4.3.3 逆向工程 …… 43
 4.3.4 3D打印 …… 45
4.4 产品三维建模数字化设计与制造标准及工艺标准 …… 46
 4.4.1 产品三维建模数字化设计与制造标准 …… 46
 4.4.2 产品三维数字化工艺标准 …… 51
思考题 …… 54

实 践 篇

第5章 草图绘制与零件建模 …… 56
5.1 标准件 …… 56
 5.1.1 使用标准件库生成螺栓等螺纹连接件 …… 56
 5.1.2 使用标准件库生成齿轮 …… 57
 5.1.3 使用标准件库生成滚动轴承 …… 58
5.2 典型四大类零件建模 …… 59
 5.2.1 丝杠——轴套类零件1 …… 59
 5.2.2 蜗杆——轴套类零件2 …… 64
 5.2.3 蜗轮——轮盘类零件 …… 69
 5.2.4 踏架——叉架类零件 …… 76
 5.2.5 泵体——箱体类零件 …… 84
5.3 曲面建模 …… 91
5.4 钣金建模 …… 97
上机练习 …… 103

第6章 部件三维装配 …… 104
6.1 概述 …… 104
6.2 齿轮油泵装配——自下而上 …… 105
6.3 虎钳装配——自上而下 …… 115
6.4 虎钳装配——生成爆炸图 …… 121
上机练习 …… 126

第7章 运动仿真 …… 127
7.1 四杆机构运动仿真 …… 127
7.2 凸轮机构运动仿真 …… 129
7.3 蜗轮蜗杆机构运动仿真 …… 133
7.4 链轮机构运动仿真 …… 135
上机练习 …… 139

第8章 工程图 …… 140
8.1 零件图——踏架 …… 140
8.2 零件图——箱体 …… 148
8.3 装配图——台虎钳 …… 154
8.4 爆炸表达视图 …… 159
上机练习 …… 162

第9章 动画展示 …… 163
9.1 爆炸动画 …… 163
9.2 切换相机视角 …… 165
上机练习 …… 168

第10章 3D打印 …… 169
10.1 3D打印技术简介 …… 169
10.2 铝件的3D打印 …… 170

10.3 流向控制装置的打印及打印过程的
　　　完善 ·· 173
上机练习 ·· 177

第 11 章　轻量化设计 ·················· **178**

11.1　轻量化设计简介 ························· 178

11.2　飞机襟翼机构的运动仿真与支架
　　　优化 ·· 178
11.3　摩托车结构部件的拓扑优化 ········ 192
上机练习 ·· 201

参考文献 ·· **202**

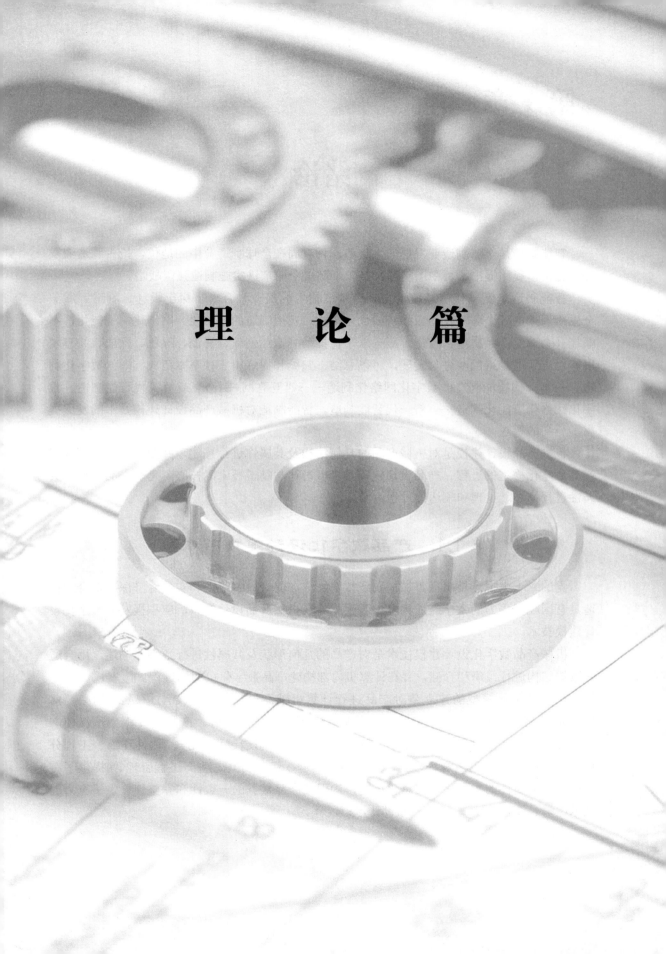

理 论 篇

第1章

绪论

智能制造是全球制造业发展的大趋势。为巩固在全球制造业中的地位，抢占制造业发展的先机，我国提出了"中国制造2025"，部署全面推进实施制造强国战略。

智能制造是新一代信息技术与先进制造技术的深度融合，贯穿于设计、制造、服务全生命周期的各个环节及相应系统的优化集成，实现制造的数字化、网络化、智能化，不断提升企业的产品质量、效益、服务水平，推动制造业创新、协调、绿色、开放、共享发展。对于智能制造的演进与发展，可以总结、归纳和提炼出三种基本范式，即：数字化制造——第一代智能制造；数字化网络化制造——"互联网+制造"或第二代智能制造；数字化网络化智能化制造——新一代智能制造。智能制造对机械产品设计建模技术的发展提出了更高的要求。

机械产品设计建模是对机械产品的几何结构及其属性进行描述，并在计算机内部构建产品数字化模型的过程。产品设计建模是机械设计与制造技术的核心，是对产品形体及其属性进行描述、处理和表达的过程。

1.1 产品数字化设计建模技术

党的二十大报告指出："加快发展数字经济，促进数字经济和实体经济深度融合，打造具有国际竞争力的数字产业集群。"因此，在机械产品设计领域，应积极发展数字化设计建模技术。

机械产品数字化设计建模技术是对产品的几何形状及其属性进行数字化描述，用合适的数据结构进行组织和存储，并在计算机内部构建产品数字化模型的过程。

产品数字化模型的建立是对产品进行计算机辅助设计与制造(CAD/CAM)的必要前提，是实现CAD/CAM一体化及其产品制造过程信息化的核心。产品设计模型不仅使产品设计过程更为直观、方便，还为产品后续的设计和制造过程(如产品物性计算、工程分析、工程图绘制、工艺规程设计、数控加工编程、运动仿真、生产过程管理等)提供了有关产品各类属性的数字化和信息化描述，为保证产品数据的一致性和完整性提供了有力的技术保障。图1-1展示了机械产品设计建模过程。

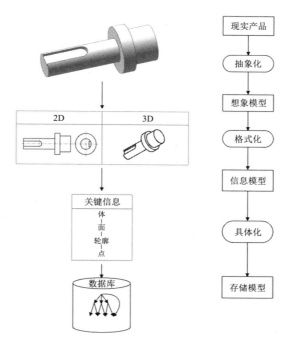

图1-1 机械产品设计建模过程

首先，设计者以二维或三维表示方式对所设计的产品结构进行抽象，得到产品结构的想象模型(该模型能够实现产品应具有的功能)；然后，根据该想象模型将点、线、面、体等几何元素按照一定的拓扑关系和转换算法组合起来，形成所设计产品的信息模型；最后，以给定的数据结构进行存储，从而形成计算机内部的产品数字化存储模型。可见，机械产品的数字化建模过程实质上是对现实产品及其属性的描述、处理和表达的过程。

1.2 产品的数字化信息定义

产品数字化定义用于描述和定义产品全生命周期的数字化过程中所应包含的信息及这些信息之间的相互关系，并使其成为计算机中可实现、可管理和可使用的信息。随着产品数字化定义技术的深入，围绕数字化产品定义数据及其过程的管理与应用技术也随之出现，引起了整个制造业生产管理技术的彻底变革。计算机辅助设计(computer-aided design，CAD)技术起源于美国，它经历了一个由二维设计技术向三维设计技术发展的过程。产品数字化定义技术是基于CAD技术实现的，是CAD的基础及核心。因此，CAD技术的发展和进步也推进了产品数字化定义技术的发展。现在的产品数字化定义已不再仅仅涉及CAD系统，而是面向产品全生命周期的各个环节(从设计、分析、工艺、制造、装配，到维护、销售、服务等)。

1. 产品数字化定义技术的发展历程

产品数字化定义技术经历了从二维到三维模型发展的四个阶段，如图1-2所示。

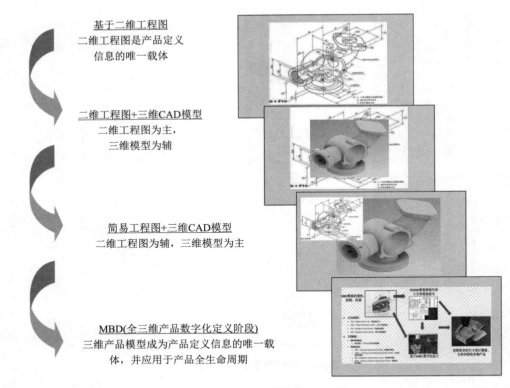

图1-2 产品数字化技术的发展历程

1) 二维工程图阶段

二维工程图阶段先后经历了人工绘制工程图阶段和基于CAD的二维产品数字化定义阶段。最初的产品定义来自工程制图技术。其实,早在新石器时代,中国就已发展出点、线、面、圆的组合等分——几何作图的起源(以仰韶陶器文化的线条为代表);战国时期,中山王铜版兆域图的制作为图学的形成奠定了基础;《考工记》是古代最早的有关图学的书籍,《周髀算经》代表古代绘图工具在数学测量、绘图画法等方面的突破性发展;宋代是我国古代工程制图发展的全盛时期(等角投影、平行投影等表达建筑器具),以苏颂的水运仪象台为代表,获世界科技史七项第一。元代以一器一图和文字说明表达零件装配关系和尺寸等,表明中国工程图学发展达到高峰。明代出现了大量极具图学价值的科学技术著作——《鲁班营造正式》《筹海图编》《农政全书》《武备志》《开工天物》《奇器图书》《永乐大典》等;清朝时期,西方文化与科学、技术的输入为工程制图的发展提供助力;新中国成立以后,于1959年批准并颁布第一个国家标准《机械制图》。1975年,法国科学家蒙日系统地提出了以投影几何为主线的画法几何,使得画法几何成为工程图的语法,而工程图则成为工程界图形化产品定义的基本绘图语言。图样规定了需要制造的产品的全部信息,也为工程技术人员表达产品设计思想和相互交流提供了平台。工程制图技术通过图样解决了产品结构与制造信息的描述问题,推动了世界范围内的工业进步。但人工直接绘制图样的方式对设计的更改及设计知识的重复利用带来了很多不便,劳动强度也高;同时,图样在管理方面存在很多问题,限制了生产效率的进一步提高。

随着计算机技术的发展，研究人员开发出计算机辅助设计软件系统，产品定义技术由此跨入了数字化时代。产品数字化定义技术改变了依赖图板的传统方式。通过CAD系统用数字化的方式在计算机中精确表达产品信息，使设计的更改与图样的管理工作变得比较方便、简单，解决了产品结构信息的重用问题，并能大大提高设计工作效率，改善工作环境。但是，早期的CAD技术只是提供现实产品结构在不同视图中的平面投影，不能直观反映产品的立体实体结构，因此生产人员有时不能完全正确理解设计意图而生产出废品，最终造成损失。早期CAD技术无法显示产品中不可缺少的曲面造型，对生产工程中引进的新型制造技术与加工方法缺少有效的技术支持。

2) 二维工程图&三维CAD模型阶段

20世纪60年代出现的三维CAD系统只是极为简单的线框式系统。这种初期的线框造型系统只能表达基本的几何信息，不能有效表达几何数据间的拓扑关系。由于缺乏形体的表面信息，CAM及CAE均无法实现。进入20世纪70年代，正值飞机和汽车工业的蓬勃发展时期。此间，人们在飞机及汽车制造中遇到了大量的自由曲面相关问题，当时只能采用多截面视图、特征纬线的方式来近似表达所设计的自由曲面。由于三视图方法表达的不完整性，产品设计完成后，制作出来的样品常常与设计者所想象的有很大差异，甚至完全不同。设计者无法保证自己设计的曲面形状能够满足要求，所以经常需要按比例制作油泥模型，并以此作为设计评审或方案比较的依据。既慢且繁的制作过程大大拖延了产品的研发时间，要求更新设计手段的呼声越来越高。法国人Bezier提出了贝塞尔算法，使得人们可以用计算机处理曲线及曲面问题，同时使得法国的达索飞机制造公司的开发者们能在二维绘图系统CAD/CAM的基础上，开发出以表面模型为特点的自由曲面建模方法，进而推出三维曲面造型系统CATIA。它的出现标志着计算机辅助设计技术从单纯模仿工程图纸的三视图模式中解放出来，首次实现以计算机完整描述产品零件的主要信息，同时使得CAM技术的发展有了现实的基础。曲面造型系统CATIA为人类带来了第一次CAD技术革命，改变了以往只能借助油泥模型来近似表达曲面的落后工作方式。

为了满足市场需求，三维建模技术开发成功并迅速在制造行业得到广泛应用。三维设计系统通过建立任意形状的三维实体模型，并将加工型面信息自动转化成数控机床刀具路径控制代码，开始逐渐给各种类型的数控机床输出程序，使设计与制造过程融为一体。然而，在设计系统产生数控程序并把它传送给机床的过程中，只能表达机床刀具在加工过程的轨迹信息，而丢失了很多其他信息(如加工表面精度信息、热处理信息、零件材料信息、加工规范等)，使得制造人员仍然需要借助工程图样来建立零件的精确制造准则。因此，出现了三维模型与二维工程图共同表达产品工程设计信息的局面，并一直持续至今。

20世纪80年代初，CAD系统的价格依然令一般企业望而却步，这使得CAD技术无法拥有更广阔的市场。为使自己的产品更具特色，以在有限的市场中获得更大的市场份额，以CV、SDRC、UG为代表的系统开始朝各自的发展方向前进。20世纪70年代末到80年代初，由于计算机技术的大跨步前进，CAE/CAM技术也开始有了较大发展。

三维建模技术直接表达了产品真实的三维模型，不需要通过思维的多次转换，因此可大大提高生产效率，减少歧义产生的可能性，从根本上改变了传统工程设计方法。通过三维产品模型，工程师可以很方便地进行后续设计与制造工作，如部门的模拟装配、总体布置、管路敷设、运动模拟、干涉检查、数控加工编程及模拟、生产操作培训等。因此，它为实现计算机集成制造和在并行工程思想指导下在整个生产环节采用统一的产品信息模型奠定了基础。

3) 简易工程图&三维CAD模型阶段

第三次CAD技术革命——参数化造型技术的出现使得CAD具有了基于特征、全尺寸约束、全数据相关和尺寸驱动设计修改等新功能，从而使三维模型不仅能提供二维图样所不具备的详细形状信息，而且能够通过添加三维的注释提示、注释与形状的数字连接提供尺寸、公差、表面粗糙度等信息。进入20世纪90年代，参数化技术变得成熟起来，充分体现出其在许多通用件、零部件设计上存在的简便易行的优势。不过，三维模型数据尚无法表达表面处理方法、热处理方法、材质、结合方式、间隙设置、连接范围、润滑油涂刷范围和颜色、要求符合的规格与标准等信息。另外，基于注释的形状提示、关键部位的放大图和剖视图等，能够更为灵活且合理地传达设计意图。因此，三维模型数据不能表达图样中的所有工艺信息，为了将模具设计与生产、部件加工、部件与产品检验等工序所必需的设计意图包含进来，仅靠三维模型数据是不够的，仍然需要通过简易二维图样提供部分工艺信息。在数字化定义的内容上仍处于三维模型与工程图共存的状态，存在更改产品描述等环节效率低的问题。

4) 全三维产品数字化模型阶段

为了将三维数据模型用作传递设计信息的唯一载体，必须明确数字化定义应用的形态，解决非几何信息的组织、表达与显示问题。CAD技术在20世纪90年代末添加了三维标注的功能，同时美国机械工程师协会开展了系列数字化定义标准的研究，紧接着，波音公司在2004年启动的787项目全面推广了基于模型定义(model-based definition，MBD)技术体系。MBD是一个用集成的三维实体模型来完整表达产品定义信息的方法体系，详细规定了三维实体模型中的产品尺寸、公差的标注规则和工艺信息的表达方法。MBD改变了传统的由三维实体模型来描述几何形状信息以及用二维工程图样来定义尺寸、公差和工艺信息的分步产品数字化定义方法。同时，MBD使三维实体模型成为生产制造过程中的唯一依据，改变了传统的以工程图样为主、以三维实体模型为辅的制造方法。MBD在2003年被美国机械工程师协会批准为机械产品工程模型的定义标准，是以三维实体模型作为唯一制造依据的标准。MBD技术体系也是MBD的应用体系。它明确了产品数字化定义的内容框架，并且确定了产品数字化定义内容的种类和管理形式。此外，它还确定了研制环境的应用功能体系及应用程序体系，使产品的数字化定义能够在脱离图样的情况下进行。这一体系最显著的标志是在三维数据集中定义所有的产品信息，不再需要二维工程图样。MBD技术使得三维产品、工装数据成为所有工作中的唯一制造依据，真正实现了三维数字化、无图样设计制造技术，大大简化了产品设计和管理过程，并缩短了产品研制周期。

我国的MBD全三维数字化设计是从波音公司的转包生产中逐步发展起来的。如今在我国航空航天工业中,"三维模型下车间"等设计模式正在如火如荼地展开,基于CATIA、UG、Pro/E的全三维设计规范也在不断完善,其应用水平比较高,在飞机、卫星、火箭等典型产品的生产上基本打通了整个数字化设计制造数据链。同时,在大型装配制造业中,南车集团、北车集团等也在高速列车的设计生产中全面推行MBD全三维数字化设计工作。

2. 产品数字化定义信息

产品数字化定义信息主要包括产品结构的几何信息、拓扑信息,以及工艺属性、物理属性等其他非几何信息。

1) 几何信息

几何信息是指产品结构中的点、线、面、体等各几何元素在欧氏空间中的位置和大小。几何信息可用数学表达式进行定量描述,也可用不等式对其边界范围加以限制。几何信息是描述几何形体结构的主体信息。但是,仅使用几何信息还难以准确地确定产品的形体结构,往往会产生形体结构的多义性。如图1-3所示的五个顶点,由于连接方式的不同,所形成的形体也不尽相同。因此,若要描述一个唯一确定的形体结构,除了要提供几何信息之外,还需要补充一定的拓扑信息。

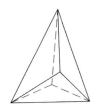

图1-3 形体结构的多义性

2) 拓扑信息

拓扑信息反映了产品结构中各几何元素的数量及其相互间的连接关系。任何形体都是由点、线、面、体等各种不同的几何元素构成的,各元素之间的连接关系可以是相交、相切、相邻、垂直、平行等。

对于几何元素完全相同的两个形体,若各自的拓扑关系不同,则由这些相同几何元素构造的形体可能完全不同。例如,图1-3中的形体均有五个顶点,由于其顶点连接的拓扑关系不同而形成不同的形体。反之,两个不同形体也可能具有相同的拓扑关系。如图1-4中的两个形体,虽然其大小和形状不一样,但其邻边相互垂直、对边相互平行的拓扑关系是相同的。

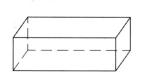

图1-4 具有相同拓扑关系的两个形体

3) 非几何信息

非几何信息是指除产品结构的几何信息和拓扑信息之外的信息，包括产品的物理属性和工艺属性等，如产品质量、性能参数、尺寸、公差、表面粗糙度和技术要求等。为了满足CAD/CAM集成的需要，非几何信息的描述和表示在产品建模技术中越来越多元化。

1.3 产品的数字化建模技术

产品三维几何建模是一种通过计算机表示、控制、分析和输出几何实体的技术。三维几何建模技术是计算机辅助设计与制造(CAD/CAM)系统的理论基础，是采用直观的方法构造产品及零件形状的手段，同时为产品的后续处理(分析、计算和制造等)提供了条件。产品数字化模型的基础是其三维几何模型。真实、完整地表达产品几何形状，使计算机能够准确获取产品数据的所有信息，充分"理解"产品数据的含义，进而获得一定程度的智能化分析、计算能力，是产品三维几何建模技术的主要研究内容。产品几何模型的基本构成要素是空间的点、线、面和体。按照技术发展历程，产品的三维几何建模技术经历了线框、表面、实体和特征建模等多个阶段。

产品三维几何建模技术始于20世纪60年代。在建模技术发展初期，采用顶点和棱边来构建三维形体模型，此类模型被称为线框模型。线框模型结构简单，能够较好地反映物体的形状和方位，且操作简便，占用内存少，但存在不能消隐和生成剖面等不足。20世纪70年代在线框模型的基础上增加了形体表面信息，构建了表面模型，解决了消隐、生成剖面及着色等问题。随着技术的进一步发展，曲面建模技术出现并被用于各种曲面形体的表示、构造和求交运算。线框模型和表面模型均没有体的信息，不允许进行物性计算和分析。到了20世纪70年代末80年代初，实体建模技术被推出，并逐渐发展成熟。实体模型是物体完整的三维几何模型，包含全部几何信息和全部点、线、面、体之间的拓扑信息，因此允许计算物体的质量特性(如重量、惯性矩)、动态特性(如动量、动量矩)和力学特性(如应力、应变)，以及进行多物体间的干涉检查，但数据结构复杂，且处理速度慢。线框模型、表面模型和实体模型被统称为产品结构的几何模型，是描述形体几何信息和拓扑信息的数据模型。这三种模型各自具有不同的特点并存在各自的不足，因此目前的机械CAD/CAM系统均保留了这三种几何模型的建模，以满足不同应用场合的使用需要。进入20世纪90年代以后，人们提出了特征建模的概念，即在已有几何模型的基础上增加对产品结构、工艺、材料、精度、性能等特征信息的定义，使描述产品数字化模型的信息更加多元化。特征建模技术的出现和发展是三维几何建模技术发展的一个新的里程碑。

除了上面提及的建模技术之外，近年来推出了参数化建模、同步建模、行为建模、非流行建模等新建模技术，其中有些已在商用的三维建模软件中得到了应用，有些还有待进一步研究和完善。

1.4 产品数字化建模的应用

通常,一个创新产品将经历产品设计、工艺设计、加工装配、试验分析等作业过程,经过反复改进和完善后才能推向市场。传统产品设计过程主要凭借设计者的经验,借助手工设计工具进行,存在着设计效率低、出错率高、可预见性差、修改困难、难以协调等不足,这必然导致产品的开发周期长、设计质量差、开发费用高的不利局面。面对日益激烈的市场竞争形势,采用先进的设计技术和手段,改进产品设计过程,同时提高产品质量,是制造业产品设计开发过程的必然选择。

在现代机械制造业中,产品的数字化模型是产品从设计到制造全过程的基础,也为后续计算机辅助设计、计算机辅助工艺设计(computer-aided process planning,CAPP)、计算机辅助工程(computer-aided engineering,CAE)、计算机辅助制造(computer-aided manufacturing,CAM)等计算机辅助单元技术提供了产品数字化信息,是现代计算机辅助设计与制造系统的核心。计算机辅助设计与制造系统的应用是产品数字化建模技术应用的主要表现形式,也成为现代机械制造业不可或缺的一部分,在汽车、轻工、电子和航天等行业中尤为重要。产品数字化模型的计算机辅助应用水平的高低和应用的广泛程度,已经成为衡量一个国家/地区机械制造技术水平高低的重要标志之一,直接影响着国民经济中许多部门的发展。

目前,发达工业国家/地区的企业已广泛使用CAD/CAM系统,我国70%以上的大中型企业也已使用CAD/CAM系统。我国的产品数字化建模技术的研发工作始于20世纪70年代,经过五十多年的研究,发展迅速。许多大型企业,如一汽、二汽等,已建立起比较先进的CAD/CAM系统,其应用水平也达到了国际先进水平。许多中小型企业将产品数字化建模技术应用于后续的计算机辅助应用过程中,以保证产品质量,提高工作效率,进而取得显著的经济效益。但是总体来说,我国在产品数字化建模技术应用的深度和广度方面与国外先进水平相比仍有较大差距。

美国国家科学院的工程技术委员会曾对应用CAD/CAM系统所能得到的效益进行了测算,如表1-1所示。

表1-1 应用CAD/CAM系统所能得到的效益

项目	增效(与传统制造相比)
缩短产品上市周期	30%~60%
提高产品质量	2倍~5倍
提高劳动生产率	40%~70%
提高工程能力	3倍~3.5倍
提高设备利用率	2倍~3倍
降低工程设计造价	10%~40%
降低劳动力成本	2%~20%
提高分析问题和解决问题的能力	3倍~35倍

思考题

1. 机械产品数字化设计建模技术发展的基础是什么？
2. 产品数字化定义技术经历了几个发展阶段？各阶段的发展特点是什么？
3. 产品数字化定义信息主要包括哪些？
4. 产品三维几何建模技术的发展历程中出现了哪几种三维模型？
5. 产品数字化模型的应用主要包括哪些技术？

第 2 章

计算机辅助单元技术

随着计算机技术的发展和应用,制造业中先后出现了计算机辅助设计(CAD)技术、计算机辅助工程(CAE)技术、计算机辅助工艺设计(CAPP)技术、计算机辅助制造(CAM)技术等计算机辅助单元技术。为了实现企业信息资源的共享与集成,在这些单元技术的基础上形成了CAD/CAE/CAPP/CAM集成技术,又称为4C技术,通常简称为CAD/CAM技术,即借助计算机工具从事产品的设计与制造的技术。

2.1 概述

目前,CAD/CAM系统以市场需求分析和产品概念设计为基础,主要用于产品的实体建模、工程分析、工艺规程设计、数控编程和仿真模拟等设计环节,所设计产品的信息流不断地从上一设计环节流向下一设计环节,同时不断伴随着反向的修改反馈信息。随着设计进程的推进,产品信息持续增加并不断完善。

CAD/CAM系统的主要工作流程如下:
(1) 需求分析及概念设计。
(2) 计算机辅助设计(CAD)。
(3) 计算机辅助工程(CAE)。
(4) 计算机辅助工艺设计(CAPP)。
(5) 计算机辅助制造(CAM)。
(6) 虚拟制造(virtual manufacturing,VM)。

2.2 计算机辅助设计

计算机辅助设计(CAD)是指设计人员借助计算机与软件系统工具,在产品设计规范和设计数据库的支撑和约束下,应用自身的知识和经验,从事产品方案构思、总体设计、分析计算、图形处理等设计活动,最终建立产品数据模型并输出产品工程图样和设计文档的过程。CAD系统的功能模型如图2-1所示。

通常,机械CAD系统应具有产品几何建模、计算分析、仿真模拟、工程图样处理等功能。CAD系统作业过程是设计人员在产品概念设计的基础上从事产品的几何造型,建立产品的数据模型；从产品数据模型中提取相关数据以进行必要的工程分析与计算；根据分析、计算的结果确定是否需要对原设计模型进行修改，待设计结果满足要求后编辑全部设计文档并绘制工程图样，最终完成产品设计的全过程。从CAD系统的使用过程可知，CAD技术旨在将产品的物理模型转化为计算机内部的数据模型，以供后续的产品开发活动使用，并作为产品全生命周期的信息流之源。

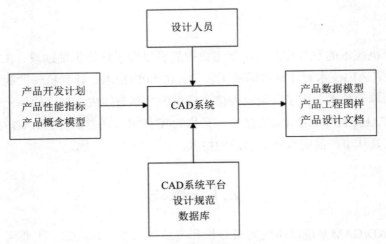

图2-1　CAD系统的功能模型

2.3　计算机辅助工程

计算机辅助工程(CAE)通常是指应用计算机及相关软件系统对产品的性能与安全性进行分析，对其未来的工作状态和运行行为进行仿真模拟，以便及早发现设计中的缺陷，证实所设计产品的功能可用性和性能可靠性。从广义来说，CAE是CAD技术的一个组成部分，是不断优化和完善产品设计模型的活动。CAE系统的功能模型如图2-2所示。

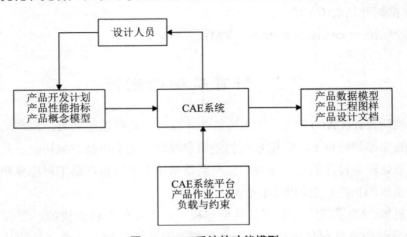

图2-2　CAE系统的功能模型

CAE技术使开发人员在设计阶段就能较好地预测产品的技术性能，即在给定条件下能够对产品结构的静态强度、动态特性、温度场分布等技术参数进行分析、计算。随着计算机技术和数值分析算法的应用与发展，逐步形成了有限元分析法(FEM)、边界元法(BEM)、优化设计、多体动力学等CAE技术。

目前，CAE技术一般用于如下设计环节：

(1) 产品结构分析。应用有限元分析法对产品结构的静/动态特性、热变形、磁场强度等产品结构性能进行分析，包括自动划分有限元网格，建立有限元分析模型，对有限单元进行求解计算，以及输出产品在给定的工况条件下的应力场、应变场和温度场等有限元分析结果。

(2) 优化设计。优化设计是现代产品设计中具有高速度、高性能和良好市场竞争力的技术手段之一。应用优化设计软件工具，通过改变设计参数，使产品的外形结构、体积、质量、强度、动态特性、热稳定性等设计指标达到最优水平。

(3) 仿真模拟。应用产品的实体模型及计算机动画技术，依据产品的实际工况要求对产品的静/动态特性和控制特性等进行仿真实验，以预测产品性能，提前发现设计中的缺陷，以便修改和完善产品设计过程。

通过CAE技术，开发人员可在产品设计阶段就及早了解产品的性能，及时发现产品设计中的缺陷，从而有效避免将设计缺陷带入制造、装配、测试和使用阶段，避免随之造成的经济损失和时间浪费，大大节省产品的开发成本，并缩短产品的开发周期。

2.4 计算机辅助工艺设计

计算机辅助工艺设计(CAPP)是指根据产品设计结果，选择人机交互或自动完成产品加工的方法，以及设计加工工艺的规程。一般认为，CAPP系统主要用于毛坯设计、加工方法选择、工艺路线制定、工序设计、工时定额计算等，其中工序设计包含加工机床和工夹量具的选用、加工余量的分配、切削用量的选择，以及工序图的生成等。CAPP系统的功能模型如图2-3所示。

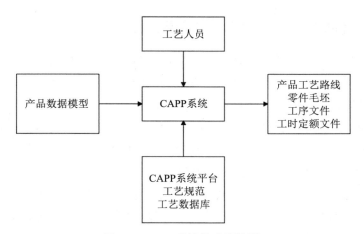

图2-3　CAPP系统的功能模型

2.5 计算机辅助制造

计算机辅助制造(CAM)是指利用计算机辅助完成从毛坯设计到产品制造全过程的直接和间接的各种生产活动，包括工艺准备、生产作业计划制订、物流过程的运行控制、生产管理、质量控制等。其中，工艺准备包括计算机辅助工艺规程设计、计算机辅助工装设计与制造、计算机辅助数控编程、计算机辅助工时定额和材料定额的编制等；物流过程的运行控制包括物料的加工、装配、检验、输送、储存等。

CAM系统的功能模型如图2-4所示，具体而言，CAM系统根据CAD系统提供的产品数据模型和CAPP系统提供的产品工艺路线、工序文件，在CAM系统平台和生产数据库的支持下，生成产品数控(numerical control，NC)加工的NC控制指令。

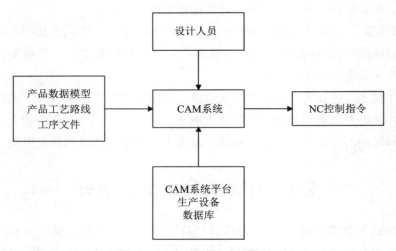

图2-4　CAM系统的功能模型

2.6 计算机辅助设计与制造技术的发展及应用

2.6.1 计算机辅助设计与制造技术的发展历程

随着计算机技术的持续进步，计算机辅助设计与制造技术也得到了极大的发展。在计算机辅助设计与制造技术的发展初期，计算机的辅助主要表现在两个方面：一方面是辅助产品设计，用计算机替代手工完成产品图样的生成和显示；另一方面是加工设备的计算机化，出现了数控加工机床、由计算机完全控制的加工中心，以及为数控机床进行信息准备的数控编程技术。一般来说，计算机辅助设计与制造技术的发展分为四个阶段。

1) 第一阶段——技术准备期(1950—1965年)

在产品设计方面，1950年美国麻省理工学院采用阴极射线管(CRT)成功研制了图形显示终端，实现了图形的动态显示，从此结束了计算机只能处理字符数据的历史。20世纪50年代后期出现了光笔，由此开始了交互式绘图。20世纪60年代初，开发了屏幕菜单点击、功能键操作、光笔定位、图形动态修改等交互绘图技术。

在加工设备方面，1952年数控机床首次研制成功，该机床只需要改变数控程序即可完成不同零件的加工。1955年由麻省理工学院开发的自动编程工具(automatically programmed tools，APT)程序系统，利用APT语言通过对刀具轨迹的描述来实现计算机自动数控加工。

在工艺设计方面，学者斯·帕·米特洛凡诺夫于20世纪50年代对成组技术进行了系统的研究，使专门的学科得以形成。联邦德国的零件分类编码系统和英国的成组生产单元进一步推动了成组技术的发展，使其成为计算机辅助设计与制造技术的基础理论之一。

该阶段还没有形成完整的计算机辅助设计与制造过程的功能，只在相关软/硬件方面提供了实现计算机辅助设计与制造的基础。

2) 第二阶段——基础形成期(1965—1975年)

在产品设计方面，1963年麻省理工学院的I. E. Sutherland在美国举办的计算机联合大会上宣读题为《人机对话图形通信系统》的博士论文，首次提出了"计算机图形学"等术语。这一研究成果进一步促进了计算机辅助技术的发展。此后，相继出现了一大批计算机辅助设计商品软件。直到20世纪60年代末期，显示技术实现了突破，显示器成本大幅下降，进一步促进了计算机辅助设计产业的形成。20世纪70年代的计算机辅助设计技术仍以二维绘图和三维线框图形系统为主。

在产品加工方面，数控机床与计算机辅助数控程序编制的出现，成为计算机辅助加工的开端。1967年，英国莫林公司首先建立了一套由计算机集中控制的自动化制造系统，该系统被称为"莫林-24"。它包括6台加工中心和1条由计算机控制的自动输送线，并用计算机编制NC程序、作业计划和统计报表。

在工业设计方面，1969年，挪威发表了第一个计算机辅助工艺规程生成系统——AUTOPROS。它是根据成组技术原理，利用零件的相似性去检索和修改标准工艺过程的形式而形成相应零件的工艺规程。1976年，美国的CAM-I公司也研制出了自己的计算机辅助工艺规程生成系统。

我国CAD/CAM技术的研究工作起步于20世纪60年代末，"六五"期间成套引进了CAD/CAM系统，并不断进行开发和应用。接下来的十年是CAD/CAM技术研究的黄金时代，计算机硬件功能的提高、价格的下降，特别是陆续进入市场的新型图形显示器，成为推动CAD/CAM技术发展的强大力量。

计算机辅助设计与制造技术在该阶段得到了迅猛发展，让计算机辅助人们完成产品整个制造过程中的各个具体工作的设想已基本形成，各种理论和方法得到了初步研究。但该阶段所做工作基本上是探索性的，所开发的系统除了绘制计算机辅助工程图外，基本还没有投入实际使用。

3) 第三阶段——全面发展期(1975—1985年)

产品设计方面，1973年诞生了第一个实体造型(solid modeling)试验系统，并于1978年推出了第一代实体造型软件。此后的20年中，实体造型技术成为计算机辅助设计与制造技术发展的主流，并走向成熟，出现了一批以三维实体造型为核心的计算机辅助设计软件系统。在20世纪90年代初发展起来的特征建模技术，以产品模型数据交换标准(standard for the exchange of product model data，STEP)的提出为标志，解决了产品信息在计算机中的表达与存储的异构问题，使计算机辅助产品设计技术在制造领域得到了全面的应用。同时，以STEP为基础的特征表达解决了计算机辅助设计与其他计算机辅助技术间的产品信息开放式传递问题，为整个计算机辅助技术的集成奠定了基础。

产品加工方面，20世纪70年代后期，一方面，数控硬件设备走向成熟，数控机床的数控设备标准化接口形成，数控语言通用格式得以定义，这些都简化了软件的开发。另一方面，由于产品几何造型技术、产品信息建模和信息存储技术，以及数控编程后置处理技术的发展和应用，计算机数控编程与产品设计造型紧密结合，计算机数控编程的实用性得到了很大的提高，解决了"信息孤岛"问题和"再输入"问题。交互式图形编程系统的出现标志着计算机辅助数控编程技术进入成熟阶段。

工业设计方面，从20世纪80年代开始，在以成组技术为基础的派生式计算机辅助工艺规程编制系统继续完善并推广应用的同时，专家、学者们积极探索以智能技术为基础的计算机辅助工艺设计系统。此外，作为工艺设计的分支，毛坯设计、工艺装备设计、工艺过程仿真等计算机辅助技术也得到了发展，为制造过程信息处理的全面计算机化奠定了基础，也为计算机辅助设计与制造过程的集成提出了紧迫的要求。

4) 第四阶段——集成应用期(1985—2000年)

从20世纪80年代后期到现在，随着各种计算机辅助设计与制造系统在制造业的应用日益广泛，对各子系统间的集成需求变得十分迫切，因此出现了集成制造的概念和实施技术。在集成制造中，把集成分为三个层面：数据集成、系统集成和过程集成。

与此同时，制造系统理论和计算方法也有了巨大的发展。制造系统理论中，并行工程概念的提出、各种面向设计的方法的建立，以及全生命周期理论的形成，都为计算机辅助设计与制造技术的进一步发展奠定了新的理论基础。在计算方法上，虚拟制造技术的发展为计算机辅助设计与制造提供了良好的仿真平台。知识工程的发展和本体理论的引入，使得各种智能化的方法层出不穷，推动了计算机辅助设计与制造技术向更高的境界发展。

1986年，我国制订了国家高技术研究发展计划(简称"863计划")，将计算机集成制造系统(computer integrated manufacturing system，CIMS)作为自动化领域的主题之一，并于1987年成立自动化领域专家委员会和CIMS主题专家组，建立了国家CIMS工程研究中心和七个单元技术实验室。20世纪90年代，我国在产品计算机辅助设计与制造领域取得了很大的进步。计算机辅助设计和制造软件除了不断地扩展功能外，还基于建模技术、模型技术、数据管理技术、软件技术、智能技术等优化发展。20世纪90年代中期，随着计算机、信息和网络技术的进步，制造业逐步向柔性化、集成化、智能化、网络化方向发展，企业内部、企业之间、区域之间乃至国家之间实现资源共享，异地、协同、虚拟设计和制造开始成为现实。20世纪90年代末，以计算机辅助设计为基础的数字化设计和以计算机辅助制造为基础的数字化制造技术开始拓展到更广阔的领域，在更深的层次上支持产品的开发。

另外，随着制造过程中计算机辅助的加强，制造过程的管理与控制变得更加重要。整个制造过程成了一个复杂的大系统，其自身过程信息的管控作为制造过程的一部分，与自身信息流是相互作用的。尤其是进入21世纪以来，制造模式发生了显著变化，如网络化/全球化制造、协同制造等新制造模式的诞生，对计算机辅助技术提出了新的要求。

集成应用期的加工过程仿真和加工程序检验系统，为CAD/CAM集成奠定了基础。计算机辅助设计与制造正向智能化、最佳化和集成化等方向发展和延伸。

5) 第五阶段——并行应用期(2000年至今)

进入21世纪以来，随着全球化商品市场的形成，市场竞争更趋激烈。我国产业结构调整、企业改制、技术改造向纵深推进，国家实施西部大开发战略等，都为我国制造业的信息化、网络化进程与CAD/CAM的应用提供了无限广阔的前景和机遇，同时使我国制造业面临着严峻的挑战。为了提高企业市场响应和应变能力，缩短产品生产周期，CAD/CAM技术从传统的面向零件的CAD/CAM集成朝着面向产品并行设计、协同作业环境的方向发展。并行设计是集成的产品设计和开发过程，要求产品开发人员在产品设计阶段就综合考虑产品整个生命周期的所有因素，包括后续的制造、装配、检测和销售等环节，要求产品开发设计一次成功。

面向产品全生命周期的建模技术、基于工程数据库的企业级产品数据管理(product data management，PDM)、由工程工作站或高档微机组成的分布式网络系统，以及支持群体小组协同作业的工作模式等，是自20世纪90年代以来CAD/CAM技术发展过程所研究、探索并逐步得到实际应用的技术领域。

表2-1给出了计算机辅助设计与制造技术发展的各个时期的标志性成果和技术特点。

表2-1 计算机辅助设计与制造技术发展的各个时期的标志性成果和技术特点

技术类型	时期	标志性结果	技术特点
CAD	技术准备期	计算机图形学的诞生；数控机床的应用；成组技术理论的建立	出现交互式绘图、屏幕菜单点击、功能键操作、光笔定位、图形动态修改等在计算机上表示产品几何信息的技术；利用计算机或相关电子控制器件控制机床进行自动加工
CAD	基础形成期	二维绘图CAD软件	CAD软件系统开始出现，以二维绘图和三维线框图形系统为主
CAD	全面发展期	实体造型软件	实体造型系统的出现使得CAD技术有了质的飞跃，实体造型软件得到了大规模应用
CAD	集成应用期	CAD/CAM集成系统	CAD/CAM技术向着一体化和集成化的方向发展
CAM	技术准备期	计算机辅助自动数控编程系统	APT语音通过对刀具轨迹的描述来实现计算机辅助自动数控编程
CAM	基础形成期	计算机集中控制的自动化制造系统	出现柔性制造系统，能够用计算机编制NC程序、作业计划和统计报表
CAM	全面发展期	交互式图形编程系统	出现了交互式图形编程系统，以及加工过程仿真和加工程序检验系统
CAM	集成应用期	CAD/CAM集成系统	CAD/CAM技术向着一体化和集成化的方向发展

2.6.2 CAD/CAM系统主要工作流程

目前，CAD/CAM系统以市场需求分析及产品概念设计为基础，主要用于产品的实体建模、工程分析、工艺规程设计、数控编程和仿真模拟等设计环节。图2-5为CAD/CAM系统的主要工作流程图。

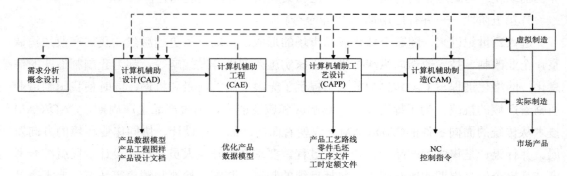

图2-5　CAD/CAM系统的主要工作流程

CAD/CAM系统的主要工作流程如下：

(1) 需求分析及概念设计。就目前CAD/CAM系统所具备的功能而言，新产品的市场需求分析以及概念设计仍然主要由设计人员来完成，即产品设计人员在市场调研、分析的基础上，确定产品的功能需求，进行产品的功能设计；根据产品的功能需求，制订产品的结构方案，进行产品的概念设计，最终完成产品设计的概念模型。由人工完成产品的概念设计，可充分发挥人的聪明才智和灵感思维，并避免CAD/CAM系统的复杂化。但可断言，最终产品的概念设计将由智能CAD/CAM系统自动完成。

(2) 计算机辅助设计(CAD)。在产品概念设计的基础上，借助计算机和CAD系统软件平台，交互完成产品的几何建模和装配设计，进而完成产品的详细设计，最终在计算机内建立产品的数据模型，并输出产品的工程图样和设计文档。

(3) 计算机辅助工程(CAE)。根据CAD设计环节所建立的产品数据模型，结合产品实际应用时所承受的负载和约束工况，借助有限元分析软件，建立有限元数据模型，求解产品在负载工况作用下的应力/应力场、温度场等，最终获得经优化的产品参数和产品数据模型。

(4) 计算机辅助工艺设计(CAPP)。CAPP系统从CAD或CAE系统输出的产品数据模型中提取产品的几何信息及工艺信息，根据成组工艺或工艺创成技术原理，结合企业自身的工艺数据库进行产品的工艺规程设计，生成产品加工工艺路线，进而完成产品毛坯设计、加工工序设计以及工时定额的计算，最终输出产品工艺文档。

(5) 计算机辅助制造(CAM)。CAM系统依据CAD系统和CAPP系统所产生的产品数据模型及加工工艺文档，进行产品数控加工时的刀具运动轨迹设计、计算、后置处理等环节，最终生成满足数控加工设备要求的NC指令。

(6) 虚拟制造(VM)。虚拟制造是指借助三维可视的交互环境，对产品的制造过程进行仿真模拟的技术。虚拟制造不消耗物理资源和能量,不生产现实世界的物理产品,在所设计的产品投入实际加工制造之前,根据产品设计所确定的加工工艺流程和控制指令模拟产品加工制造和装配的整个工艺过程,以便尽早发现和暴露产品设计阶段所存在的问题,以保证产品设计和制造过程一次成功。

2.6.3 CAD/CAM技术的软件应用

在现代机械制造业中,计算机辅助设计与制造系统已经成为不可或缺的一部分,在汽车、轻工、电子和航天等行业中尤为重要。计算机辅助设计与制造系统水平的高低和应用的广泛程度,已经成为衡量一个国家/地区机械制造技术水平高低的重要标志之一,直接影响着国民经济中许多部门的发展。目前,我国70%以上的大中型企业已经使用计算机辅助设计与制造系统。其中,航空、航天、船舶、机床制造、汽车等部门都是国内应用计算机辅助设计与制造技术较早的工业部门。

当前应用较为广泛的机械CAD/CAM软件系统代表了当前CAD/CAM技术的发展水平。目前,市场上流行的CAD/CAM系统主要包括:

(1) Unigraphics(UG)。UG是西门子公司的一个集CAD/CAM/CAE于一体的机械工程辅助系统,用于航空、航天、汽车、通用机械以及磨具等的设计、分析及制造工程。UG将参数化和变量化技术与传统的实体、线框和表面功能结合在一起,还提供二次开发工具GRIP、UFUNG、ITK等,允许用户扩展UG的功能。

(2) Pro/ENGINEER(Pro/E)。Pro/ENGINEER是美国PTC公司的产品,简称Pro/E,于1988年问世。Pro/E符合工程技术人员的机械设计思想,其特点包括:参数化设计、基于特征建模和单一全相关数据库。Pro/E整个系统建立在统一、完备的数据库及完整而多样的模型上。它有多个模块供用户选择,能将整个设计和生产过程集成在一起。

(3) CATIA。CATIA是法国达索公司的CAD/CAE/CAM一体化集成软件,是一个集智能设计、制造仿真及工程分析为一体的软件,在机械制造、工程设计及电子等行业(尤其是航空制造业)中得到了广泛应用。该系统提供支持各类产品/零件几何建模、数控加工编程及工程分析等的必要功能,还可与产品全生命周期数据管理系统集成,提供无纸化三维数字化工作环境。

(4) SOLIDWORKS。SOLIDWORKS是由美国SOLIDWORKS公司于1985年11月研制的基于Windows平台的全参数化特征造型软件。SOLIDWORKS可以实现复杂的三维零件实体造型、装配,而且能生成工程图。

(5) Inventor。Inventor是美国AutoDesk公司推出的一款三维可视化实体模拟软件Autodesk Inventor Professional(AIP),已推出最新版本AIP 2024。Autodesk Inventor Professional包括Autodesk Inventor三维设计软件;基于AutoCAD平台开发的二维机械制图和详图绘制软件AutoCAD Mechanical;还添加了用于缆线和束线设计、管道设计及PCB IDF文件输入的专业功能模块,并添加了由业界领先的有限元分析软件支持的有限元分析功能,可以直接在Autodesk Inventor软件中进行应力分析。在此基础上集成的数据管理软件Autodesk Vault用于安全地管理进展中的设计数据。

(6) CAXA。CAXA电子图板是一套高效、方便、智能化的通用中文设计绘图软件，可帮助设计人员进行零件图、装配图、工艺图表、平面包装的设计，适合所有需要二维绘图的场合，使设计人员可以把精力集中在设计构思上，甩掉图板，满足相关行业的设计要求。CAXA-ME是一套数控编程和三维加工软件，可快速建立各种复杂的三维模型。它为数控加工行业提供了从造型、设计到加工代码生成、加工仿真、代码校验等一体化的解决方案。

2.6.4 CAD/CAM技术的发展趋势

随着计算机辅助设计与制造等先进技术应用于制造业，世界制造业进入了一个新的发展时期，出现了许多新的发展趋势。例如，产品开发周期进一步缩短，更新换代越来越快；企业的组织形式将向全世界范围内的虚拟公司或联盟发展；制造系统更加柔性化，绿色制造、智能化水平要求更高；等等。与此同时，计算机辅助设计与制造技术向智能化、集成化、虚拟化、网络化、绿色化和三维化等方向发展。

1) 智能化

设计是一个含有高度智能的人类的创造性活动，拥有人工智能的计算机辅助设计与制造系统是计算机辅助设计与制造技术发展的方向。从人类认识和思维的模式来看，现有的人工智能技术对模拟人类的思维活动(包括形象思维、抽象思维和创造性思维等多种形式)往往是束手无策的。智能计算机辅助设计与制造系统不是简单地将现有的智能技术与计算机辅助设计与制造技术相结合，而是深入研究人类设计的思维模型，并用信息技术来表达和模仿它，这样才能产生高效的智能计算机辅助设计与制造系统。

未来的计算机辅助设计与制造系统不仅可继承并智能化判断工艺特征，而且具有模型对比、残余模型分析与判断功能，使刀具路径更优化、效率更高；同时具有对工件(包括夹具)的防过切、防碰撞等功能，这样可提高操作的安全性，更符合高速加工的工艺要求；开发与工艺相关联的工艺库、知识库、材料库和刀具库，使工艺知识的积累、学习和运用成为可能。

2) 集成化

集成化是计算机辅助设计与制造技术迄今为止最为显著的一个发展趋势。它的目标是实现在产品全生命周期下整个计算机辅助设计与制造系统与其他系统之间的集成，从而实现全生命周期一体化。集成的出发点是：企业中各个环节是不可分割的，必须统一考虑；企业的整个生产过程实质上是信息的采集、传递和加工处理的过程。

现在的产品数据管理(PDM)技术和系统提供了很好的集成平台，而为了实现计算机集成制造，还需要从企业的经营战略目标出发，综合考虑企业中人、技术、资源和管理的作用，综合应用多种先进技术，实现企业生产经营全过程中的信息流和物质流的集成，在控制系统的协调管理下，使整个企业实现多渠道集成，即信息集成、智能集成、串/并行工作机制集成及人员集成，为企业带来更大的经济效益。

在产品开发集成化的同时，将并行工程思想与方法贯穿其中，其关键就是用并行设计方法代替串行设计方法，即以并行的、集成的方式设计和开发产品，以缩短产品研制周期。它要求产品开发人员在设计阶段就考虑产品整个生命周期的所有要求，包括质量、成本、进度、用户要求等，以最大限度地提高产品开发效率及成功率。

3) 虚拟化

虚拟现实(virtual reality，VR)技术可以使人们置身于计算机创造的虚拟环境中，并以接近真实的交互方式与虚拟环境交换信息。它具有四个重要的特征，即多感知性、沉浸感、交互性和自主性。虚拟现实技术为计算机辅助设计与制造提供了真实感更强的虚拟工作环境。在建立三维实体模型后，可以根据需要用该模型方便地生成虚拟现实环境模型。在虚拟现实环境中，利用三维的交互设备，如头戴式显示器(head-mounted display)、数据手套(data glove)、数据衣(data suit)、三维鼠标(3D mouse)等，对虚拟的模型进行操作，以实现从不同视点的观察。

虚拟制造技术是计算机辅助设计与制造技术同VR技术相结合的产物。它提供了一个涵盖生产过程、生产规划、作业计划、装配计划、后勤保证以及加工过程和装配过程的可视化、交互式计算机模型和仿真工具。它不生产物理意义上的产品，却能提供有关产品设计制造过程、过程控制与管理、产品性能数据等的所有信息。运用虚拟现实技术，能够快速显示设计内容、设计对象的性能特性以及设计对象与周围环境的关系，设计者可方便地与虚拟设计系统进行自然的交互，从而大大改善设计效果。

4) 三维化

CAD技术的发展也促进了产品的数字化发展，在最大程度上实现三维模型数据的集成，取代以二维图样为主要信息载体的传统模式。目前，产品研制仍然主要采用以二维图样为中心、三维模型为辅助的模式，但是伴随着ASME Y14.41等系列标准的制定，MBD技术的发展也达到了一个全新的阶段，波音787结构设计及产品数据管理全面独立执行了三维模型的应用模式，其核心思想是一种基于特征的全三维表述方法。它用一个集成的三维实体模型完整地表达产品定义信息，即将制造信息和设计信息(三维尺寸标注及各种制造信息和产品结构信息)共同定义到产品的三维数字化模型中，从而取消二维工程图，以保证设计数据的唯一性。MBD并非简单的三维标注加三维模型。它不仅描述设计几何信息，而且定义了三维产品制造信息和非几何的管理信息，包括产品结构、产品制造信息(product manufacturing information，PMI)、物料清单(bill of material，BOM)等。使用人员仅需一个模型即可获取全部技术信息，减少了对其他信息系统的依赖，使设计、制造环节不必完全依赖信息系统的集成以保持有效连接。

MBD是产品定义方式的一次革命。它以更强大的表现力和易于理解的定义方式，极大地提高了产品的设计质量和资源利用率，使设计、制造融为一体，是未来设计技术的发展方向，必将对机械制造业(特别是航空航天产品制造业)产生深远的影响。

当前我国机械产品制造业中MBD技术的应用还处在探索阶段，与国外相比仍有较大差距，主要存在以下问题。

1) 缺乏统一的MBD标准和管理规范

目前，与MBD相关的标准和管理规范主要有：国际标准ISO 16792: 2006、美国国家标准ASME Y 14.41-2003、我国国家标准GB/T 26099-2010《机械产品三维建模通用规则》、GB/T 26100-2010《机械产品数字样机通用要求》、GB/T 26101-2010《机械产品虚拟装配通用技术要求》，以及GB/T 24734-2009系列标准等。此外，一些信息化程度比较高的企业也结合企业、行业的具体情况，制定了基于相关CAD平台的企业标准和行业标准。但是这些标准还不成熟，或者带有明显的行业特点和软件色彩。由于标注信息表达、属性定义等方面缺乏统一的规定，并且MBD数据的更改、签署、存储与维护等缺乏统一的管理规范，难以形成统一的MBD技术体系和应用环境。

2) 主流三维软件的三维标注功能难以满足MBD数据信息的表达

目前主流的三维软件对MBD的支持只体现在三维标注功能上，如UG NX的PMI模块、CATIA的Functional Annotation & Tolerance模块、SOLIDWORKS的MBD等，但这些操作方式没有统一的规范。

SOLIDWORKS MBD可帮助公司定义和整理3D尺寸、公差、基准、注释、材料明细表(BOM)及其他PMI，并且自定义出版模板以满足制造用例，如零件或装配体规格、询价单(RFQ)和来料检查报告等，还可发布为广泛接受的文件格式，如eDrawings和3D PDF，极大地降低了3D沟通障碍。

3D PDF是一个包含3D模型和PMI的PDF文档，可在免费的Adobe Reader中打开，95%的联网计算机都已安装Adobe Reader。

3) MBD数据集的"数字化"程度不高

现阶段，大多数企业对MBD的理解还停留在基础层面——仅简单地将原来二维工程图上的信息"照搬"到三维模型中去，未能充分利用三维模型所具备的表现力，去探索便于用户理解且更具效率的表达方式。产品MBD数据模型难以在不同的系统间自由交换，后续的工艺、工装、制造和检验环节的人员仍需要靠人工理解的方法获取相关信息，因此该模型无法支持后续环节数字化工作的开展。

4) 对企业现有的设计制造模式带来了较大的冲击

MBD技术将大大提高整个产品生命周期的运行效率，但在初期，设计人员和工艺人员需要投入更多的时间和精力来完成三维模型的创建以及三维标注工作。MBD技术对工程师提出了更高的要求，工程师必须了解MBD的内涵并熟练掌握相关的三维设计工具。此外，现有的基于二维图样的管理制度也必须进行相应的调整。

从设计制造技术的发展来看，MBD技术取代传统的二维制图技术是大势所趋。但MBD技术的理论和应用研究才刚刚起步，可供借鉴的成熟标准、规范或应用经验不多，很多内容还需要进一步的丰富和完善。

1) 制定与完善MBD标准和管理规范

目前，MBD技术还在不断发展中，国际上也正在开展ISO 16792: 2006的修订工作，我们必须紧跟国际步伐，密切关注MBD技术的发展与应用，在满足已有三维标准的前提下，在标注信息表达、属性定义等方面补充统一的规定，并对MBD数据的更改、签署、存储与维护等补充统一的管理规范。

2) 加强与软件商的沟通，开发新的MBD应用辅助工具

MBD技术的应用离不开软件的支持，因此，我们还需要加强与软件商的交流与协商，完善CAD软件的三维标注功能，并开发配套的MBD应用辅助工具，如三维计算机辅助工艺软件、数据质量检测软件及技术资源库(包括标准件库、材料库、装配工艺知识库等)。

3) 开展设计下游环节中MBD技术的应用研究

目前MBD技术在设计阶段的应用已日趋成熟，但对于如何表达工艺、制造和检验所需的尺寸和几何公差、表面结构、工艺要求和检验要求等信息，还没有一个规范且可行的解决方案，还需要进一步对MBD技术在工艺、工装、检验与制造等环节中的传递与应用进行研究，以便打通机械产品三维数字化设计制造的整个流程，真正实现MBD技术在现实生产中的应用。

思考题

1. 4C技术指的是什么？
2. CAD/CAM系统的主要工作流程是怎样的？
3. 机械CAD系统的主要功能有哪些？
4. CAE技术一般用于哪些设计环节？
5. 计算机辅助设计与制造技术的发展分为几个阶段？全面发展期的标志性成果是什么？
6. 目前市场上主流的CAD/CAM系统主要有哪些？
7. 计算机辅助设计与制造技术的发展趋势是什么？

第 3 章

三维几何建模技术

3.1 三维几何建模方法概述

产品数字模型的基础是其几何模型。真实、完整地表达产品几何形状,使计算机能够"理解"产品数据的含义,进而获得一定程度的智能化分析、计算能力,是产品建模技术的主要研究内容。产品几何模型的基本构成要素是空间的点、线、面和体。按照技术发展过程,产品建模技术方法经历了线框、表面、实体和特征建模等多个阶段。

最早使用相互连接的线元素表示三维零件形状,这一时期形成了最简单的线框表示方法。线框模型能够较好地反映物体的形状和方位,占用内存少,且处理速度快。表面模型在线框模型的基础上增加了面的信息,相当于在灯笼骨架外蒙皮,可以在程序中自动消除隐藏线,生成明暗图,计算表面积,并产生表面数控加工走刀轨迹等。实体模型是物体完整的三维几何模型,包含全部几何信息和全部点、线、面、体之间的拓扑信息,从而能够计算物体的质量特性(如重量、惯性矩)、动态特性(如动量、动量矩)、力学特性(如应力、应变),以及进行多物体的干涉检查,但数据结构最复杂,且处理速度慢。进入20世纪90年代以后,提出了特征造型的概念,即在已有几何模型的基础上增加了对产品结构、工艺、材料、精度、性能等特征信息的定义,使描述产品的信息更加完整。下面将分别叙述这几种产品建模技术。

3.2 线框建模技术

3.2.1 线框建模的原理

线框建模是CAD/CAM发展过程中应用最早的三维建模方法。线框模型由一系列的点、直线、圆弧及某些二次曲线组成,描述的是产品的轮廓。线框建模的数据结构是表结构,计算机存储的是该物体的顶点和棱边信息,将物体的几何信息和拓扑信息层次清楚地记录在顶点表及边表中。顶点表描述每个顶点的编号和坐标,边表则说明每一棱边起点和终点的编号。图3-1为物体的线框模型图,表3-1和表3-2分别为该线框图的顶点表、边表。

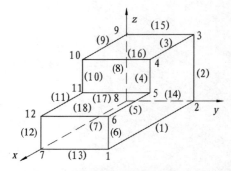

图3-1 物体的线框模型(MBD三维实体模型见图4-6)

表3-1 顶点表

点号	x	y	z
1	5	3	0
2	0	3	0
3	0	3	3
4	2	3	3
5	2	3	1.5
6	5	3	1.5
7	5	0	0
8	0	0	0
9	0	0	3
10	2	0	3
11	2	0	1.5
12	5	0	1.5

表3-2 边表

线号	线上端点号	
(1)	1	2
(2)	2	3
(3)	3	4
(4)	4	5
(5)	5	6
(6)	6	1
(7)	7	8
(8)	8	9
(9)	9	10
(10)	10	11
(11)	11	12
(12)	12	7
(13)	1	7
(14)	2	8
(15)	3	9
(16)	4	10
(17)	5	11
(18)	6	12

3.2.2 线框建模的特点

采用线框建模的描述方法构造实体时，所需信息量少，数据运算简单，占据的存储空间比较小，计算速度快，而且对硬件的要求不高。这种方法经常用于表示复杂的三维模型的轮廓。当需要更加精细的效果时，可以在完成线框信息的基础上，增加物体表面信息，进而渲染表面纹理。它能避免在进行真实感渲染时出现较长的时延，显示速度快。另外，线框模型非常适合与数控机床中的轮廓集成。

但线框模型的局限性非常明显。一方面，线框建模的数据结构规定了各条边的两个顶点及各个顶点的坐标，对于由平面构成的实体，轮廓线与棱线是一致的，线框模型能够比较清楚地反映物体的真实形状，但对于曲面体，仅能表示物体棱边的线框模型就不够准确了，如表示圆柱的形状需要添加母线，有些轮廓还必须描述圆弧的起点、终点、圆心位置、圆弧的走向等信息。另一方面，线框建模所构成的实体模型只有离散的边，而没有表达出边与边之间的关系，即没有构成面的信息，由于信息表达不完整，在许多情况下，对物体形状的判断会产生分歧。如图3-2所示，由于建模后生成的物体所有的边都会显示在图形中，而大多数的三维线框建模系统尚不具备自动消隐的功能，因此无法判断哪些是不可见边，哪些是可见边，难以准确地确定实体的真实形状，这不仅不能完整、准确、唯一地表达几何实体，还会给物体的几何特性、物理特性的计算带来困难。

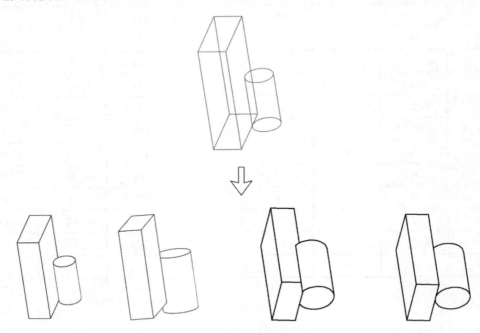

图3-2　线框建模的多义性

3.3　曲面建模技术

3.3.1　曲面建模的原理

曲面建模也称为表面建模，是通过对实体的各个表面或曲面进行描述来构造实体模型的一种建模方法。曲面建模时，先将复杂的外表面分解成若干个组成面，然后定义出一块块的基本面素，基本面素可以是平面或二次曲面，如圆柱面、圆锥面、圆环面、旋转面等，通过各面素的连接构成组成面，各组成面的拼接就是所构造的模型。在计算机内部，曲面建模的数据结构仍是表结构，表格除了给出边线及顶点的信息之外，还会提供构成三维立体各组成面素的信息，即在计算机内部，除顶点表和边表之外，还会提供面表。表3-3展示了图3-1所示物体的几何面信息，该表记录了面号、组成面素的线号及线数。

表3-3　面表

面号	面上线号	线数
Ⅰ	1, 2, 3, 4, 5, 6	6
Ⅱ	12, 11, 10, 9, 8, 7	6
Ⅲ	6, 18, 12, 13	4
Ⅳ	2, 14, 8, 15	4

(续表)

面号	面上线号	线数
Ⅴ	4, 16, 10, 17	4
Ⅵ	5, 17, 11, 18	4
ⅦⅡ	3, 15, 9, 16	4
Ⅷ	1, 13, 7, 14	4

3.3.2 曲面建模的特点

曲面模型增加了面的信息，在提供三维实体信息的完整性、严密性方面，比线框模型进了一步，它克服了线框模型的许多缺点，能够比较完整地定义三维立体的表面，所能描述的零件范围广，例如，汽车车身、飞机机翼等难以用简单的数学模型表达的物体都可以采用曲面建模的方法构造其模型。另外，曲面建模可以对物体作剖切面、面面求交、线面消隐、数控编程，且能提供明暗色彩图以显示所需的曲面信息等。

曲面建模的优点主要体现在以下几方面。

① 描述了三维形体的表面形状，消除了多义性；
② 具有很强的曲面拼接能力，能够构造复杂曲面；
③ 能够利用面的信息生成数控刀具轨迹；
④ 可对零件进行渲染，实现消隐、着色、表面积计算、表面求交、有限元网格划分等；
⑤ 可以计算物体表面积。

曲面建模也存在以下缺点。

① 操作复杂，要求开发人员具备一定的曲面造型知识；
② 缺乏面与体之间的拓扑关系，只能表示形体的表面及其边界；
③ 不是实体模型，因此不能计算形体间的碰撞和干涉；
④ 由于缺乏面与体的关系，曲面模型不能区别体内与体外，仅适合用来描述形体的外壳；
⑤ 曲面建模事实上是以蒙面的方式构造零件形体，因此容易在零件建模过程中漏掉某些面的处理，这就是常说的"丢面"。而且在两个面相交处容易出现缺陷，如重叠或间隙，不能保证零件的建模精度。因此曲面建模并不适合用来表示产品的整体结构，而仅适用于外观的表达。它通常与实体造型相结合，用于创建复杂形体。

对于曲面模型，由于面与面之间没有必然的联系，无法明确定义形体位于面的哪一侧，所描述的仅是形体的外表面，并没有切开物体而展示其内部结构，因此无法表示零件的立体属性，也无法指出所描述的物体是实心的还是空心的。因而在物性计算、有限元分析等应用中，曲面模型仍缺乏表示上的完整性。

3.3.3 曲面建模的方法

曲面建模方法的重点是在给出离散点数据的基础上，构建光滑过渡的曲面，使得这些曲面通过或逼近这些离散点。由于曲面参数方程不同，得到的复杂曲面类型和特性也不同。目前应用最广泛的是双参数曲面，它仿照参数曲线的定义，将参数曲面看成曲线 $r=r(u)$ 按参数 u 运动所形成的轨迹。几种常用的参数曲线、曲面有：贝塞尔(Bezier)、B样条、非均匀有理B样条(NURBS)曲线、曲面等。

3.4 实体建模技术

3.4.1 实体建模的原理

实体建模是采用实体对客观事物进行描述的一种方法。它通过定义基本体素，利用体素的集合运算或基本变形操作构造所需的实体，其特点在于覆盖三维立体的表面与其实体同时生成。利用这种方法，可以完整而清楚地对物体进行描述，并能实现对可见边的判断，具有消隐的功能。由于实体建模能够定义物体的内部结构形状，可以完整地描述物体的所有几何信息，因此是当前普遍采用的建模方法。

3.4.2 实体模型的特点

由实体建模的原理可知，实体模型全面定义了形体的点、边、面、体几何参数和相互间的拓扑关系，包含形体的所有几何信息和拓扑信息。在表面模型中，所描述的实体面是孤立的面，没有方向，没有与其他面或形体的关联；而在实体模型中，面是有界的、不自交的连通表面，具有方向性，其外法线方向可根据右手法则由该面的外环走向确定。根据实体模型面的特征，很容易判断实体在面的哪一侧，并且沿该面任一条边线正向运动时，左侧总是体内，右侧总是体外。实体模型使你能够方便地确定面的哪一侧存在实体，确定给定点的位置是处在实体的边界面上，还是在实体的内部或外部。

由于实体模型拥有形体完整的几何信息和拓扑信息，可方便地实现消隐、剖切、有限元分析、数控加工、形体着色、光照及纹理处理、物性计算等各种不同的CAD/CAM作业。

3.4.3 实体生成的方法

1) 体素法

体素法是通过基本体素的集合运算构造几何实体的建模方法。每一个基本体素都具有完整的几何信息，是真实而唯一的三维实体。体素法包含两部分内容：一是基本体素的定义与描述，二是体素之间的集合运算。常用的基本体素有长方体、球、圆柱体、圆锥体、圆环、锥台等(见图3-3)。为了准确地描述基本体素在空间的位置和方向，除了定义体素的基本尺寸参数外，还需要定义基准点，以便正确地进行集合运算。体素间的集合运算有交、并、差三种，以两个基本体素为例，运算结果如图3-4所示。

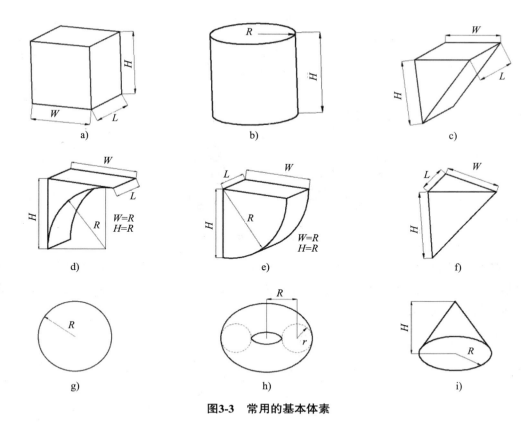

图3-3 常用的基本体素

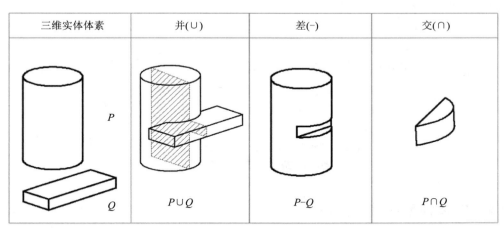

图3-4 体素拼合的集合运算

2) 扫描法

有些物体的表面形状较为复杂,难以通过定义基本体素加以描述,这时,可采用定义基体,利用基体的变形操作实现实体的建模,这种构造实体的方法称为扫描法。扫描法又可分为平面轮廓扫描法和整体扫描法两种。

平面轮廓扫描法是利用平面轮廓在空间平移一段距离或绕一固定的轴线旋转来产生实体的方法。图3-5所示的实体就是通过平面轮廓的平移和旋转获得的。

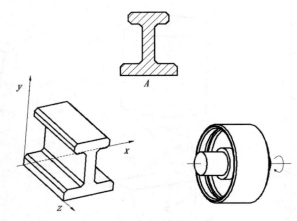

图3-5 平面轮廓扫描法生成的实体

整体扫描法将一个三维实体定义为扫描基体,使此基体在空间运动来获得实体。运动可以是沿某方向移动,也可以是绕某一轴线转动,或绕某一点摆动。运动方式不同,生成的实体形状也不同,如图3-6所示。

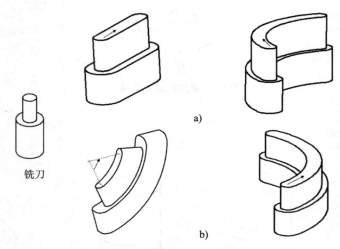

a) 移动和顺时针转动; b) 摆动和逆时针转动

图3-6 整体扫描法生成的实体

3.4.4 实体模型的表示方法

实体模型是一系列基本体素经布尔运算所建立的形体几何模型。如何在计算机内部清晰、完整地描述实体模型中的几何信息和拓扑信息,方便模型信息的查询、存储、运算以及图形的显示、求交、剖切及输出处理,是实体建模的关键所在。为此,实体模型有边界表示法、构造实体几何法、综合表示法、单元分解法、扫描变换法等不同的计算机内部表示方法。本节仅介绍CAD/CAM系统中最常见的前三种方法。

1) 边界表示法

边界表示法(boundary representation,B-Rep)是以形体边界为基础定义和描述实体模型的方法。也就是说，B-Rep法将几何形体定义成由若干单元面围成的封闭的有限空间，每个单元面以若干边线为边界来描述，而边线则以两个端点表示，端点则由三个坐标值描述，因而此法被称为边界表示法。

B-Rep法包含形体的完整几何信息和拓扑信息，其中几何信息包括形体的位置、大小，如顶点坐标、表面方程系数及曲面参数等；拓扑信息包括形体所拥有的面、边和顶点的数量以及它们相互间的邻接关系等。

B-Rep法详细记录了形体所有组成元素的几何信息和拓扑信息，便于描述任意复杂形状的三维形体，利于生成和绘制线框图、投影图，以及有限元网格。然而，B-Rep法也存在自身的局限性：由于它的核心信息是面，因此对几何物体的整体描述能力相对较差，无法提供关于实体生成过程的信息，也无法记录组成几何体的基本体素的原始数据，而且描述物体所需的数据量大，占用的存储空间大，且表达形式不唯一。

2) 构造实体几何法

实体模型的构造常常采用计算机内存储的一些基本体素(如长方体、圆柱体、球体、锥体、圆环体和扫描体等)，通过布尔运算生成复杂形体，这种构造实体的方法被称为构造实体几何(construction solid geometry，CSG)法。

任何复杂的实体都可以通过组合某些简单的体素来表示。CSG法表示的实体可用二叉树的形式加以表达，二叉树亦称CSG树，如图3-7所示。二叉树的叶节点表示预先定义的

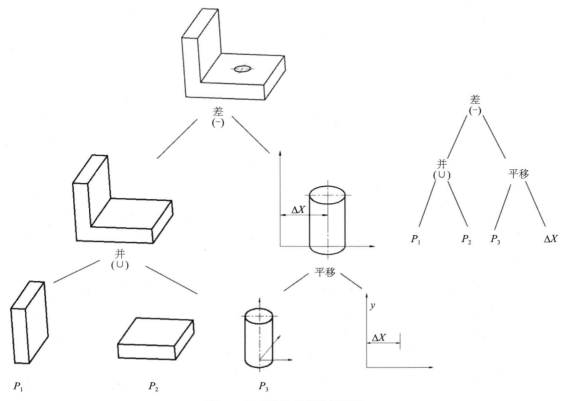

图3-7 CSG法的树状结构表示

一些基本体素，分枝节点表示布尔运算的结果，根节点则是要表示的实体。CSG树只定义所表示实体的构造方式，不反映实体的面、边、顶点等有关边界信息。

CSG数据结构的优点是：形体结构清晰，表达形式直观，便于用户实现对实体的局部修改，且数据记录简练。缺点是数据记录过于简单，在对实体进行显示和分析操作时，需要实时进行大量重复的求交计算，降低了系统的工作效率；此外，只定义了物体的构成体素及构造方式，没有反映物体的面、边、顶点等有关信息，因此，这种数据结构被称为"不可计算的"。所以，CSG数据结构不便表达具有自由曲面边界的实体。

3) 综合表示法

综合表示法建立在边界表示法与构造实体几何法基础之上，考虑了各自的优点和缺点，在同一系统中将两者结合起来，共同表示实体。表3-4列出了CSG法与B-Rep法各自的特点。

表3-4 CSG法与B-Rep法的特点比较

特点 \ 表示法	CSG法	B-Rep法
核心基础	形体创建过程	形体边界
数据结构	简单	复杂
数据量	小	大
有效性	能保证基本体素的有效性	能保证形体几何元素的有效性
交换可行性	可转换成B-Rep	较难转换成CSG
局部修改	困难	容易
显示速度	慢	快

由表3-4可见，B-Rep法以形体边界为基础，包含完整的面、环、边、顶点等几何信息和拓扑信息，在图形显示和处理方面有明显优势，可以迅速转换为线框模型和曲面模型，便于浓淡图的处理，也便于几何参数的局部处理和修改。

CSG法则以基本体素为基础，经不同集合运算创建最终形体，主要反映形体的构建过程。CSG法不包含形体的面、环、边、点等拓扑信息，所表示的实体模型结构简单，所含信息量少，因而不能直接转换为线框模型、曲面模型，不能直接显示工程图，也不便于模型的局部修改。

因此，人们将CSG法和B-Rep法相结合，提出了综合表示法，综合表示法将CSG用作系统的外部模型(外壳)，同时将B-Rep用作系统的内部模型(内核)，该表示法兼具CSG法在模型表达上的方便性和B-Rep法在模型描述上的全面有效性。将CSG用作用户界面输入工具，借助参数体素法及扫描体素法的体素定义，输入形体几何参数，定义形体基本体素，经几何形体正则集合运算，建立形体的CSG实体模型；然后，系统将已建立的CSG实体模型转换为B-Rep实体模型，以便在计算机内部存储更详细的形体数据信息。

综合表示法的缺点在于存储在计算机内部的模型数据容易变得冗余和复杂。该方法存储的数据不仅要有树状的拓扑信息，还要有各种基本体素的信息和体素之间的各种布尔运算信息，而体素本来就附带着相关的点、线、面的拓扑信息，因而该方法加大了计算机内部数据管理的难度。

3.5 特征建模技术

3.5.1 特征建模的概念

三维线框模型、曲面模型和实体模型只提供了三维形体的几何信息和拓扑信息，被称为产品的几何建模，产品的几何建模尚不足以驱动产品生命周期的全过程。产品模型不仅应包括产品的几何信息和拓扑信息，还应包括产品的非几何信息，如材料、热处理、加工精度等。产品模型须为后续CAX系统提供完整的原始信息。它是CAD/CAE/CAPP和CAM等过程的集成介质。因此，随着计算机辅助技术的深化以及CAD/CAM集成技术的发展，人们在几何模型基础上推出了特征建模(feature modeling)技术。

所谓特征，是从工程对象中概括和抽象出来的具有工程语义的产品结构功能要素。特征作为"产品开发过程中各种信息的载体"，除了包含零件的几何、拓扑信息外，还包含设计、制造等过程中需要的一些非几何信息。特征建模方法建立在实体建模基础上，利用特征的概念面向产品设计和生产制造的整个过程进行设计。它不仅包含与生产有关的信息，而且能描述这些信息之间的关系。

基于特征的产品零件建模技术，使产品设计能够在更高层次上进行，建模操作对象不再是实体模型中的线条和体素，而是具有特定工程语义的功能特征要素，如柱、块、槽、孔、壳、凹腔、凸台、倒角、倒圆等。产品的设计过程可描述为对具体特征的引用与操作，特征的引用可直接体现设计者的设计意图。同时，产品功能特征含有丰富的几何信息和非几何信息，如材料、尺寸公差和几何公差、表面粗糙度、热处理等，这些信息不仅能够完整地描述零件或产品的几何信息和拓扑信息，还包含产品制造过程的工艺信息，使产品设计意图能够被后续的分析、评估、加工、检测等环节所理解。目前，商品化的CAD/CAM系统普遍采用特征建模技术。

3.5.2 特征的分类

特征的分类与具体工程应用有关，应用领域不同，特征的含义和表达形式也不尽相同。从基于特征的零件信息模型来看，它包含管理特征、技术特征、材料特征、形状特征、精度特征等；从产品生产制造过程来看，有设计特征、工艺特征、装配特征、管理特征等。形状特征模型是特征建模的基础和核心。

目前主要按几何形状特征分类，如图3-8所示；按主/辅形状特征分类，如图3-9所示。

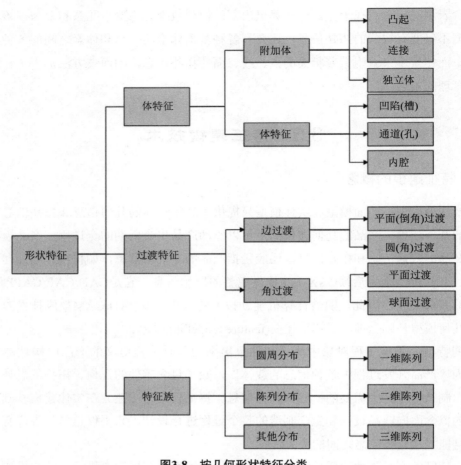

图3-8 按几何形状特征分类

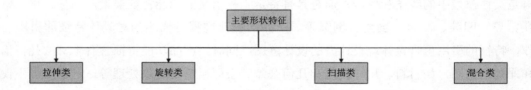

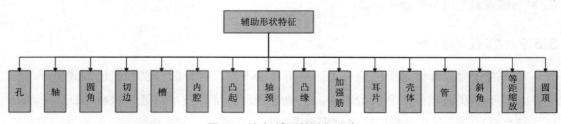

图3-9 按主/辅形状特征分类

3.5.3 基于特征的产品信息模型

一个完整的产品模型不仅是产品数据的集合，还应反映各类数据的表达方式和数据间的关系。产品信息模型包含基本信息和特征信息，如图3-10所示。在特征信息中，形状信息包含显式描述信息和隐式描述信息，前者即特征形状参数，后者为形状特征(点、线、面)的几何和拓扑数据结构。

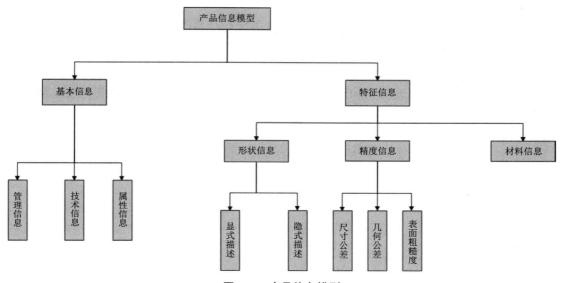

图3-10　产品信息模型

产品信息模型一般包含以下部分。

(1) 管理信息：它用于描述与管理有关的产品信息，包括零件名、零件图号、设计者、设计日期、零件材料、零件数量等。

(2) 技术信息：它为技术分析、性能试验、应用操作提供相关信息，包括设计要求、设计约束、外观要求、运行工况、作用载荷等。

(3) 形状信息：这是产品信息模型的基础信息，属于产品的几何特征，是精度特征、材料特征等非几何特征的载体，包括产品的功能形状、工艺形状以及装配形状等。

(4) 材料信息：它用于描述与产品材料及热处理要求相关的信息，包括产品材料牌号、性能、硬度、热处理要求、表面处理、检验方式等。

(5) 精度信息：它用于描述产品公称几何形状的允许范围，是检验产品质量的主要依据，包括尺寸公差、几何公差和表面粗糙度等。

(6) 装配信息：它用于描述产品在装配过程中的相关信息，包括配合关系、装配尺寸、装配技术要求等。

上述精度信息、材料信息、技术信息、装配信息与加工工艺密切相关，有时为了便于信息处理，这些信息常被统称为工艺信息。

3.5.4 特征建模的特点

特征建模的特点可以概括为以下几个方面。

(1) 特征建模技术使产品的设计工作不停留在底层的几何信息上，而是依据产品的功能要素，如键槽、螺纹孔、均布孔、花键等，起点在比较高的功能模型上。特征的引用不仅直接体现设计意图，而且直接对应加工方法，以便开发人员进行计算机辅助工艺设计并组织生产。

(2) 特征建模技术以计算机能够理解和处理的统一产品模型代替传统的产品设计、工艺设计、夹具设计等各个环节的连接，使得产品设计与原来后续的各个环节并行展开，系统内部信息共享，实现真正的CAD/CAPP/CAM的集成，且支持并行工程。

(3) 有利于实现产品设计和制造方法的标准化、系列化、规范化，使得开发人员在设计产品时就考虑加工、制造要求，保证产品有较好的工艺性及可制造性，有利于降低产品的生产成本。

3.5.5 特征建模的基本步骤

产品的特征建模过程是一个由粗到精的形体造型过程，往往先构建一个基础特征，通过不断增加一些必要特征或减去一些辅助特征，逐步获得一个完整的产品特征模型，其基本步骤归结如下：

1) 进行特征分析，规划建模方案

首先，需要分析该产品的特征组成，确定各组成特征的尺寸和形状、与其他特征的关系等；其次，需要从总体上对零件特征进行分析，确定基础特征和特征构建顺序，并规划特征建模方案。同一个零件可能有多种不同的特征分解方法，应以符合设计思想为原则，确定最佳的零件特征建模方案。

2) 创建基础特征

从众多零件特征中选择一个作为基础特征。零件基础特征最能反映零件的体积和结构形状。零件特征建模过程应从创建基础特征开始，只有创建好基础特征，才能快捷而方便地创建其他各个特征。

3) 创建其余特征

按照建模方案逐一创建其他各个特征，包括辅助特征。对于具有规则截面的形状特征，可以采用拉伸成形的方式；对于回转体特征，可以采用旋转成形的方式；对于具有阵列或镜像结构的特征，尽可能采用阵列和镜像成形的方式；倒圆、倒角等修饰性辅助特征则最好放在建模的最后阶段进行。

4) 对特征进行编辑和修改

在建模过程中，可以随时修改各个特征(包括产品和零件的形状、尺寸、位置及特征间的邻接关系)，也可删除已经构建的特征。

5) 生成工程图

将创建好的三维零件特征模型自动转换成二维工程图。

思考题

1. 三维几何建模方法有哪些?
2. 线框建模的原理是什么?
3. 曲面建模的特点是什么?
4. 实体生成的方法有哪些?
5. 实体模型的表示方法有哪些?各自有什么特点?
6. 特征的定义是什么?主要有哪些类型?
7. 产品信息模型一般包含哪几部分?
8. 特征建模的基本步骤是什么?

第4章

产品三维数字化设计与制造标准体系及基础标准

4.1 产品制造信息的表示

产品制造信息(PMI)包括产品的精度信息、技术要求、注释等。

精度信息主要包括尺寸公差、几何公差和表面粗糙度等,具体内容如图4-1所示。

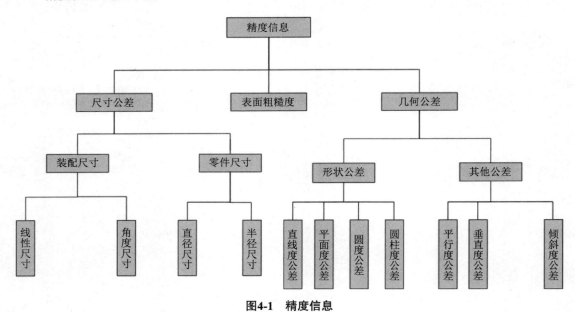

图4-1 精度信息

PMI能够以信息在二维图样上存在的方式存在于三维模型中——在产品设计中用带箭头的指引线把数据连接到特定的零件中。PMI软件解决方案可以将三维模型转变为工程图样,便于人们在三维模型中直观地查阅产品的加工信息,如尺寸、表面粗糙度、几何公差等,如图4-2所示。除此之外,PMI能够包含几何公差、焊缝符号、文本和尺寸,以及产品定义和过程注释。PMI建立之后,产品信息可在产品的整个生命周期中反复使用——从工程绘图到验证分析,再到制造和质量规划过程。

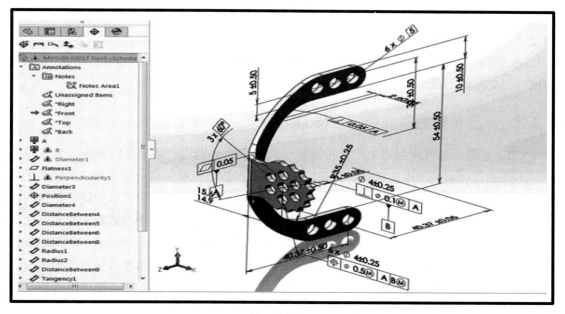

图4-2 三维制造信息

4.2 产品模型数据交换标准

如今，CAD/CAM技术的应用已经从产品设计和加工的局部环节扩展到整个企业的生产和经营活动，形成了计算机集成制造系统(computer integrated manufacturing system，CIMS)。在这个系统中必然会用到多种多样的计算机软件，泛称为CAX(computer-aided X)系统。各种CAX系统间必须相互交换产品信息，同时制定相应标准。其中，影响最大的是美国的初始图形交换规范(initial graphics exchange specification，IGES)。IGES是基于CAD/CAM系统定义的不同计算机系统之间的通用信息交换标准。几乎所有知名的CAD系统都配置了IGES接口。另外一种交互格式为产品模型数据交换标准(STEP)。它旨在研究产品模型数据的交换，致力于在产品生命周期内对产品数据进行完整而一致的描述与交换，以便各系统直接共享这些信息而不需要人工解释。STEP规定了与IGES类似的中性文件形式，以实现数据的共享。

4.2.1 初始图形交换规范(IGES)

IGES以实体为基础，对产品的形状、尺寸、以及特性信息进行描述。实体是IGES的基本信息单位。它可以是几何元素，也可以是实体的集合。实体可分为几何实体和非几何实体。在IGES标准中，每个实体都被赋予一个特定的实体类型号。某些实体类型还包括一个作为属性的格式号。格式号用来进一步说明该实体类型内的实体。几何实体定义与物体形状有关的信息，包括点、线、面、体及实体集合的关系。非几何实体使你能够将有关实体组合成平面视图，并用尺寸标注和注释来丰富和完善平面视图模型。

但是，由于IGES标准仅仅是对所交换的几何图形及相应尺寸的中性文件说明，没有描述产品信息模型中的复杂信息，因此不能满足机械CAD/CAM信息集成的需要。此外，IGES本身也不够完善，如数据格式过于复杂、可读性差、标准定义不够严密等，因而会造成数据交换的不稳定。

4.2.2 产品模型数据交换标准(STEP)

STEP是国际标准化组织制定的描述整个产品生命周期内产品信息的标准。它提供了一种不依赖具体系统的中性机制，旨在实现产品数据的交换和共享。这使得它不仅适用于交换文件，也适合作为分享产品数据库与存档的基础。STEP主要包含三个层级结构，即应用层、逻辑层和物理层。应用层采用形式定义语言描述了各应用领域的需求模型。逻辑层对应用层的需求模型进行分析，以形成统一的集成产品信息模型，然后通过EXPRESS语言描述，与物理层联系。在物理层，产品信息模型被转换成计算机可以实现的形式，如交换文件、数据库等。STEP中的所有内容可以分为七类，即描述方法、通用集成资源、应用集成资源、应用协议、实现方法、一致性测试和抽象测试集。

STEP的应用领域很广，包括机械、电子、航空航天、汽车、船舶等多个工程领域。STEP在机械CAD/CAM集成环境中的应用如图4-3所示。应用场合可分为以下两大类。

(1) 产品开发部门，具体应用包括设计部门内群体的合作、产品全生命周期设计、集成化产品的开发，以及并行作业和产品数据的长期存档。

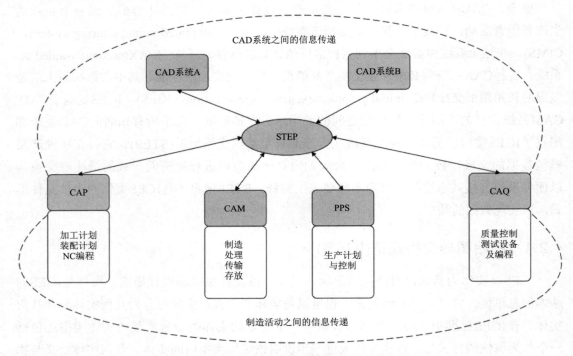

图4-3　STEP在机械CAD/CAM集成环境中的应用

(2) 计算机辅助应用系统供应商，具体应用包括接口的标准化和产品概念模型的标准化。在信息集成的研究中，AP203 和 AP224 是两个应用较为广泛的 STEP 协议，分别用于描述零件的几何、拓扑信息与面向工艺的设计信息。AP203 仅描述了几何、拓扑信息，而缺乏支持工艺设计的工程信息，因此往往需要与 AP224 搭配使用来实现信息集成。

4.2.3 产品数据交换标准存在的不足

建立统一的产品数据交换标准是实现 CAD/CAM 集成的必要条件。复杂机械产品的生产需要不同企业、部门的分工和协作。由于产品信息是在不同的地点、不同的计算机和不同的 CAD/CAM 系统中产生的，因此同一产品存在信息表达的差异。现在产品信息在各系统之间的集成主要采用标准格式交换法，如 IGES、PDDI、PDES 和 STEP 等。但是在朝着集成化目标发展的过程中，尤其是在面向 CAD/CAE/CAPP/CAM、CIM 等集成(信息交换、语义集成、功能集成等)方面，依旧困难重重。

(1) 以 IGES 为代表的产品数据交换标准尽管在支持几何数据的交换方面已达到实用程度，但它只支持物理层的数据交换，因此难以满足信息集成的需要。

(2) STEP 尽管克服了 IGES 的不足，在理论上解决了同时支持物理层和逻辑层的数据交换的问题，即实现信息交换的方法，但由于其刚刚起步，在资源的定义、程序实现、面向具体应用领域的参照模型的建立、特征造型的实施以及对象库的管理和使用等许多方面还远没有达到实用程度。

(3) 难以进行产品信息的统一管理、同步性维护、冗余控制和全局优化。

(4) 依靠数据交换，难以在受到下游开发活动约束及特定外部过程约束的情况下实现智能决策支持机制。

4.3 产品建模技术与工程应用

4.3.1 轻量化设计

轻量化的目标是在给定的边界条件下，实现结构自重的最小化，同时满足一定的寿命和可靠性要求。为了实现该目标，需要选择适当的构造、轻质材料、连接技术、尽可能准确的设计，以及可实现的制造工艺。除此之外，还要考虑成本问题。三维模型轻量化技术通过对三维模型进行优化处理来减少其对存储空间和计算资源的占用，从而提高处理速度和系统性能，其本质上是对模型进行压缩和简化。在实际应用中，由于三维模型包含大量的顶点、面和纹理等数据，因此需要借助三维模型轻量化技术来减少数据量，以便更好地适应各种场景和需求。

1) 轻量化的作用

(1) 提高计算效率。三维模型往往包含大量的数据，这些数据会导致模型的处理时间增长和计算负荷增加，进而降低计算效率。通过对三维模型进行优化处理，即减少其数据量，可以提高计算效率，并使模型更好地适应不同场景和需求。

(2) 减小存储空间。三维模型通常需要存储在磁盘或内存中，而其中的数据量非常庞大。通过对三维模型进行轻量化处理，可以减小其占用的存储空间，从而节省存储成本和提高系统性能。

(3) 加快渲染速度。在使用三维模型进行渲染时，模型的大小和复杂度直接影响着渲染速度。如果模型过于庞大，将要花费大量的时间来加载和渲染。通过对三维模型进行轻量化处理，可以使模型变小并降低模型的复杂度，从而加快渲染速度。

(4) 优化用户体验。在一些交互的场景中，三维模型的处理速度和质量直接影响着用户体验。通过对三维模型进行轻量化处理，可以提高它的处理速度和性能，使用户更加流畅地进行交互操作，从而优化用户体验。

2) 轻量化的技术难点

三维模型轻量化过程中可能会出现不同的问题和挑战，常见的有：

(1) 模型失真。在三角面简化过程中，如果误差控制不当，可能会导致模型失真、出现锯齿状等情况。

(2) 精度降低。在数据压缩过程中，在数据上进行的采样和删除操作可能会导致精度下降，进而影响模型质量。

(3) 纹理丢失。在纹理数据压缩过程中，一些压缩算法的使用可能会导致纹理信息的丢失，进而影响模型的视觉效果。

(4) 渲染速度无法提升。即使对模型进行了轻量化处理，仍然可能会因为模型过大或复杂而无法提升渲染速度。

因此，在对模型进行轻量化处理时需要根据具体情况选择合适的方法和技术，并在实践过程中注意调整参数和控制误差，以保证模型质量和处理效果。

4.3.2 衍生式设计

衍生式设计是人工智能的一种形式，不仅能够接受用户提出的工程挑战，还能提供一系列合适的解决方案，用户可以根据自己的需求在此基础上进行优化。过去，设计人员在做某一部件或工具的设计草案时，需要时刻记住限制条件和有关参数，而在新的设计方法中，他们只需要把所确定的最终使用标准的限制条件及可能性"告诉"软件。限制条件的类型包括材料、敏捷性、强度、成本、性能等。

在现代云计算的支持下，衍生式设计能根据用户的要求自行找出可能的组合，而且可为某一已完成的设计提供许多经过预先验证的迭代方案(若有必要，可迭代数千次)。

不妨将其想象为从外向内的设计过程：各种设计属性都是事先确定的，以便获得最佳结果，而不是像传统方法那样将原型应用于性能标准以进行改进。这种设计方法可用于多种设计——从基本的常规设计到精度非常高的设计。衍生式设计可广泛应用于生产制造领域，包括消费产品、汽车零件、航空航天、工业机械、建筑产品等。

衍生式设计在生产制造领域的主要用途是自动触发预先验证的设计选项，以满足用户已确定的要求。这对于高效制造来说是十分重要的。有时，某一零件或工具是一个更大的设备或流程的一部分，必须融入固定的工作流程或流水线(无论从生产方法的角度还是物理条件的角度)。若为了适应一个新零件而重新调整整个工作流程，可能会对生产造成破坏，而且成本太高。零件必须适应的参数范围有时非常狭窄。尽管人类设计师拥有在这些严格限制下进行试验的专业知识，但是，如果使用衍生式设计软件，就有无数种不同的选项可以探索，最终可最大限度地降低产品的重量或材料的成本，或最大限度地改善性能。

在引入衍生式设计之后，现有的许多工艺(包括增材制造、数控机床和铸造等)能够发挥更好的作用。这种设计方法有助于改善产品性能、降低成本，以及探索创新型的设计理念。

在生产制造过程中衍生式设计能带来明显的优势。使用衍生式设计，可以更轻松地在不影响功能的情况下减轻零件重量。它还能带来可持续性效益，减少对原材料的使用和对环境造成的影响，同时改善性能并降低成本。

1) 改善产品性能

不同的物质具有不同的特性，在生产制造中，材料和设计总是相伴而行的。换用不同的材料，可以让原来的设计变成一堆废纸。

当一种新材料进入市场，或者人们因为经济原因而难以获得通常使用的材料时，设计师们可能不得不回顾绘图板，并对整个工作流程进行重新设计，然而，这个过程的费用是巨大的。若采用衍生式设计，只要考虑好所有可用的材料，设计师就可以快速地完成任务。无论他们是否根据灵活性、硬度、重量或对环境的影响来选择特定材料或参数，这种衍生式设计的算法都有一个来自全球的数据集——云，而从云端测试替代方案的速度比采用传统方式的设计团队快得多。

2) 降低成本

成本的降低是最能吸引制造商采用衍生式设计的优势之一。在一个几何体中，即使只能节约1立方毫米的体积，也能节省不少成本。如果将节省的体积扩大到全球制造业的物流领域，那么这一数量将会是惊人的。一般而言，衍生式设计能让产品节省20%~40%的材料。

3) 通过探索新的设计概念扩展创新

党的二十大报告指出："加快实施创新驱动发展战略。"衍生式设计有很多潜在的好处，其中，最普遍的好处之一可能就是它可以把创新文化植入整个制造业。许多首席技术官、工程师或设计人员原来对衍生式设计的好处持怀疑态度，但最终却成为这种设计效果的最真诚的宣传者。

4.3.3 逆向工程

逆向造型是相对于一般三维造型而言的。常规的造型过程是先设计图样，然后按照图样加工出产品实物，而逆向工程是以目前已有的实物为基础通过三维激光超数及逆向软件处理，将其还原为计算机模型，并且可以进行修改和改进。随着计算机技术在制作领域的广泛应用,特别是数字化测量技术的迅猛发展,基于测量数据的逆向造型技术成为人们关注的主要对象之一。逆向造型的过程为:首先通过数字化测量设备(如坐标测量机、激光测量设备等)获取物体表面的空间数据,然后利用逆向造型技术建立产品的三维模型,最后利用CAM系统完成产品的加工制造。

根据原始数据来源的不同,逆向造型可以分为以下不同类型:

(1) 手工测量逆向造型。直接根据产品的实际样品或模型进行手工测量并创建三维模型。这种方式常用于产品外观精度要求不高并且形状比较规则的情况,仅通过卡尺、角规或高度尺等辅助工具来进行测量以得到具体的尺寸值并使用三维CAD进行建模。这种方式多见于机械零件的造型设计。

(2) 扫描线逆向造型。采用靠模方法得到外形轮廓。这种方法得到的数据准确度有一定的保障,但必须有实际的模型或样板来辅助建模,局部细节的特征、尺寸仍需要结合手工测量来获得。这种造型方式具有一定的局限性,已逐渐被淘汰。

(3) 稀疏点云逆向造型。通常用于产品整体外观比较规则但局部细节要求较高的场合。通过使用三坐标测量机测量产品外形上某个点的具体坐标值来创建坐标点,最终形成数据点的集合。

(4) 密集点云逆向造型。采用三维激光扫描仪或照相式扫描仪进行抄数,最终得到点数据的集合。采用这样的方法得到的点云数据量比较大并且能够全面反映产品的外观,因此,如果要创建高质量外形,这种造型方式是比较理想的数据获取方式。相对于其他的造型方式而言,这种方式具有更好的适用性,是目前的主流逆向造型方法。

逆向工程的过程如图4-4所示。首先用扫描仪扫描被测对象,以获得被测物体表面形体点数据的集合;然后对扫描的点云数据进行优化,包括对数据进行细部编辑、过滤与删

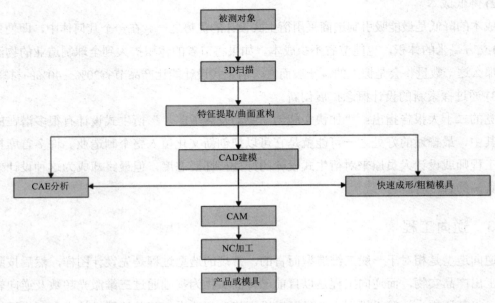

图4-4 逆向工程的过程

除，以获得比较粗糙的模具外形；再用曲面造型方法将形体重构，以获得较为光滑的模型，至此，逆向建模的全过程便完成了。逆向工程目前主要应用于飞机、汽车、玩具和家电等与模具相关的行业。

4.3.4 3D打印

3D打印(3DP)是快速成型技术的一种，又称增材制造，它是一种以数字模型文件为基础，运用粉末状金属或塑料等可黏合材料，通过逐层打印的方式来构造物体的技术。3D打印通常是采用数字技术与特定的材料来实现的，常在模具制造、工业设计等领域被用于制造模型，后逐渐用于一些产品的直接制造，使用这种技术打印而成的零部件已经投入使用。该技术在珠宝、鞋类、工业设计、建筑、工程和施工(AEC)、汽车、航空航天、牙科和医疗产业、教育、地理信息系统、土木工程、枪支以及其他领域都有所应用。

3D打印技术出现在20世纪90年代中期，实际上是利用光固化和纸层叠等技术的最新快速成型装置。日常生活中使用的普通打印机可以打印计算机设计的平面物品，而所谓的3D打印机与普通打印机工作原理基本相同，只是"打印材料"有些不同，普通打印机的打印材料是墨水和纸张，而3D打印机内装有金属、陶瓷、塑料、砂等不同的"打印材料"，是实实在在的原材料。打印机与计算机连接后，可以通过计算机控制把"打印材料"一层层叠加起来，最终把计算机上的蓝图变成实物。通俗地讲，3D打印机是可以"打印"出真实3D物体的一种设备，如打印一个机器人、玩具车、各种模型，甚至食物等。之所以通俗地称其为"打印机"，是因为它参照了普通打印机的技术原理，事实上，分层加工的过程与喷墨打印十分相似。

3D打印技术存在着许多不同的类型。它们的不同之处在于其可用的材料，以及创建部件的方式。3D打印技术常用的材料有尼龙玻纤、耐用性尼龙材料、石膏材料、铝材料、钛合金、不锈钢、镀银、镀金、橡胶类材料等。

3D打印的过程如下：

先通过计算机建模软件建模，再将建成的三维模型"分区"成逐层的截面(即切片)，从而指导打印机逐层打印。设计软件和打印机之间协作的标准文件格式是STL(Stereo Lithography，立体光刻)文件格式。一个STL文件使用三角面来近似模拟物体的表面。三角面越小，其生成的表面分辨率越高。

打印机先读取文件中的横截面信息，然后用液体状、粉状或片状的材料将这些截面逐层地打印出来，再将各层截面以各种方式黏合起来，从而制造出一个实体。这种技术的特点在于其几乎可以造出任何形状的物品。打印机打出的截面的厚度(即Z方向)以及平面方向(即X-Y方向)的分辨率是以dpi(dots per inch，每英寸点数)或微米来计算的。截面一般的厚度为100微米，即0.1毫米，也有部分打印机(如Objet Connex 系列，还有三维 Systems ProJet 系列)可以打印出16微米薄的一层。而平面方向则可以打印出跟激光打印机相近的分辨率。打印出来的"墨水滴"的直径通常为50~100微米。如果要用传统方法制造出一个模型，通常需要数小时到数天，这根据模型的尺寸以及复杂程度而定。而三维打印技术则可以将时间缩短为数个小时，具体时间与打印机的性能及模型的尺寸和复杂程度相关。

三维打印机的分辨率已经能满足大多数应用的需求(弯曲的表面可能会比较粗糙，像图像上的锯齿一样)，若要获得更高分辨率的物品，可以通过如下方法：先用当前的三维打印机打出稍大一点的物体，再稍微对其表面进行打磨，即可得到表面光滑的高分辨率物品。

4.4 产品三维建模数字化设计与制造标准及工艺标准

4.4.1 产品三维建模数字化设计与制造标准

1. 标准制定背景

目前，我国大部分制造企业已经实现"甩图板"的目标，部分制造企业已实现从"甩图板"向"甩图纸"的跨越，但由于缺乏相关标准的支持，大部分企业在三维CAD的应用方面仍存在障碍。经过几十年的发展，我国二维设计国家标准已基本完善，这些标准无论在数量上，还是在规模上，都基本满足了我国传统二维设计技术发展的需要，对我国机械产品研发能力的提高、产品竞争力的提高和企业信息化的推进发挥了积极作用。然而，随着三维CAD软件在企业内的推广和应用，这些二维设计标准对产品设计的指导意义正在减弱。为了适应三维环境下的产品设计，航空、航天、兵器等行业推出了各自的行业三维设计标准，但这些标准都基于特定的软件平台，具有明显的行业特色，因此无法满足国家标准的广泛适应性要求。

为此，国家组织编写了17项数字化设计与制造领域重点基础标准，包括：GB/T 26101-2010《机械产品虚拟装配通用技术要求》、GB/T 26100-2010《机械产品数字样机通用要求》、GB/T 26099-2010《机械产品三维建模通用规则》等三维建模标准和GB/T 24734-2009《技术产品文件 数字化产品定义数据通则》等数字化产品定义标准。

2. 国内外相关标准研制现状

美国、欧盟等高度重视数字化设计与制造、先进制造和信息技术等领域的标准化工作，已成为上述领域标准化工作的先行者。美国在2003年发布的ASME Y14.41-2003 Digital Product Definition Data Practices(数字化产品定义数据通则)，主要解决在数字化设计过程中的三维CAD模型的数据定义问题，是数字化产品文件领域发布较早的标准之一。德国在1998—2002年间，陆续发布了DIN 32869-1998 Technical Product Documentation—Three-dimensional CAD-models—Part 1: Requirements for Representation(技术产品文件——三维CAD模型——第1部分：表示要求)等技术产品文件的系列标准，主要解决产品在设计过程中，三维CAD模型的表示要求、属性要求、特征和CAD模型制图以及项目列表的词汇表达问题。日本在2000年发布了主要针对机械行业CAD的制图规则——JIS B3402-2000 Drawing Practices for Mechanical Engineering by CAD。英国和法国也相继在1999年和2000年发布了相似的关于技术产品文件类的标准。

国际标准化组织(ISO)在德国的提议、美国的主持下于1998年成立了ISO/TC10 WG16 3D Model: Presentation of Product Definition Data工作组,该工作组专门从事基于三维CAD的数字化产品定义数据的标准化工作。ISO/TC10在1998—2006年间,相继发布了多个数字化产品定义类的国际标准,其中最重要的是ISO 16792: 2006 Digital Product Definition Data Practices(数字化产品定义数据通则),其内容包括术语和定义、数据集识别与控制、数据集要求、设计模型要求、产品定义数据通用要求、几何建模特征规范、注释要求、模型数值与尺寸要求、基准的应用、几何公差的应用等,但没有三维模型制图信息、制造工艺信息等方面的规则。

我国的数字化设计与制造技术起步较晚,相应的国家标准制定工作受技术发展的制约,发展速度较为缓慢。"八五""九五"和"十五"期间,科技部和国家质量技术监督局从企业应用和软件实现两大层面安排了一系列与CAD标准化相关的标准研究、制定和技术开发课题,发布了GB/T 17304-1998《CAD通用技术规范》、GB/T 18229-2000《CAD工程制图规则》、GB/T 17825-1999《CAD文件管理》、GB/T 16722-1996《技术产品文件计算机辅助技术信息处理》等国家标准,解决了机械二维CAD制图中存在的各种规范性问题。

在三维建模标准方面,我国的一些军工集团(如航空、航天集团)相继发布了基于行业特色和特定软件平台的三维数字化设计规范,如HB 7755-2005《CATIA 文件命名》、HB 7753-2005《CATIA制图规则》、HB 7757-2005《飞机数字样机通用要求》、QJ 3261-2005《基于Pro/ENGINEER和Pro/INTRALINK的航天产品协同三维结构设计要求》、Q/CNG 10-2005《兵器产品CAD/CAPP/CAM基础框架标准化要求》、Q/CNG 6-2005《兵器产品三维建模基本规定(基于Pro/E)》。然而,这些标准多数是基于行业或特定的软件平台制定的。例如,航空行业标准多数基于CATIA软件平台,兵器行业标准多数基于Pro/E软件平台,而航空发动机标准多数基于三维设计软件UG平台。虽然国内外现有标准具有明显行业特点或软件色彩,无法满足国家标准的广泛适应性要求,但其编写思想值得借鉴和学习。

综上可以看出:

(1) 二维设计标准对企业实现"甩图板"工程发挥了重要的作用,随着三维CAD软件在企业内的广泛应用,二维设计标准已不适用于三维环境下的产品设计。目前,国内大部分制造企业都已采用三维CAD软件进行产品设计。国内商品化的三维CAD系统主要有达索公司的CATIA、西门子的UG、PTC的Pro/E,这些软件在国内各个行业中得到了广泛的应用,例如,飞机、发动机设计采用CATIA和UG,而电子行业、装备行业则采用Pro/E。随着三维CAD软件在企业内的广泛应用,在某些场合下,二维图纸已不再是设计、制造所必需的文件，甚至在某种程度上，三维模型已经替代二维图纸，成了技术交流和信息传递的主要媒介。然而，由于缺乏相关标准的支持，大部分企业在三维CAD的应用方面仍存在障碍，企业迫切需要三维建模国家标准。

(2) 航空、航天、兵器等行业为了满足本行业机械产品计算机三维建模定义及管理方面的需要，相继发布了基于行业特色和Pro/E、CATIA、UG、AutoCAD等计算机软件平台的行业标准，但此类三维设计标准具有明显的行业特色，无法满足国家标准的广泛适应性要求。

(3) 三维模型在企业内的广泛应用，使得产品数字化定义技术及标准化问题日益突出。在目前的制造环境中，暂且不能仅靠三维模型数据进行加工。因为如果仅依靠三维模型数据，往往难以直接进行产品生产和检验，也就是说，目前尚不能以直观的方式将生产技术、模具设计与生产、部件加工、部件与产品检验等工序所必需的设计意图添加到三维模型数据中。虽然三维数据包含二维图纸所不具备的详细形状信息，但三维模型数据中却不包含尺寸公差、表面粗糙度、表面处理方法、热处理方法、材质、结合方式、间隙的设置、连接范围、润滑油涂刷范围、颜色、要求符合的规格与标准等无法仅靠形状来表达的非形状信息。另外，基于注释的形状提示、关键部位的放大图和剖面图等传达设计意图的手段也存在不足。更重要的是，要想将三维数据当作传递设计信息的载体，必须明确数字化定义应用的形态，也就是以什么样的形式表达什么样的产品信息。目前，我国三维数字化产品定义相关标准仍处于缺乏状态，迫切需要制定适合我国制造企业的三维数字化定义相关标准，改变目前我国企业"三维建模、二维出图"的状态。

(4) 数字样机技术、虚拟装配技术的蓬勃发展要求相关部门制定相应的规范去指导数字样机和虚拟装配的应用。

3. 数字化设计与制造标准体系

数字化设计与制造标准主要分为三类：

1) 基础类标准

主要针对制造业信息化技术术语、机械产品数字化定义数据规则技术术语、数字化设计术语、数字化制造术语等方面进行标准的制定。

2) 专业类标准

主要针对机械产品数字化设计与制造数据规范、设计制造资源库的构建、编码类、机械产品数字化定义数据通用要求、数据质量要求、数字化设计标准、数字化制造标准、机械产品数字化集成框架等方面进行标准的制定。

3) 综合类标准

主要针对数据共享规范、全生命周期管理规范等方面进行标准的制定。图4-5为企业数字化设计与制造应用标准体系框架图。

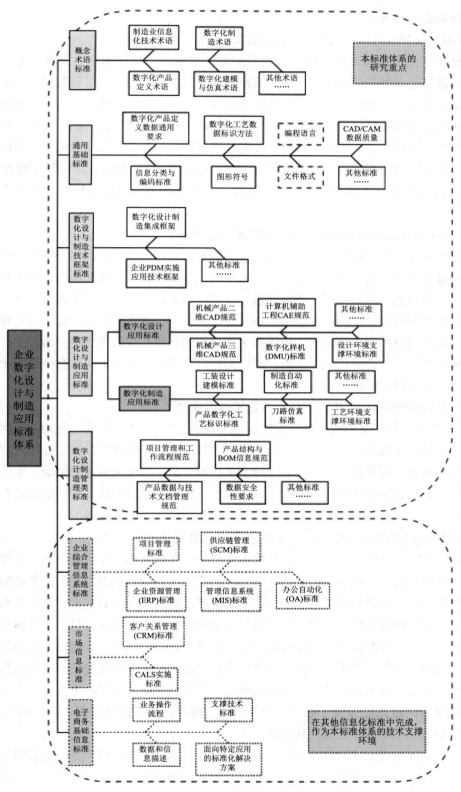

图4-5 企业数字化设计与制造应用标准体系

4. 标准主要内容

1) GB/T 26101-2010《机械产品虚拟装配通用技术要求》

该标准规定了机械产品虚拟装配模型的总体要求、虚拟装配总体要求、装配过程规划，以及虚拟装配结果的评定与要求。该标准首先对虚拟装配、虚拟装配模型、装配环境模型、装配流信息、装配工具模型、装配空间模型、虚拟操作者模型、装配过程规划、装配顺序规划、装配路径规划、装配过程仿真等概念进行了精确定义；然后提出了虚拟装配模型的概念，该模型由装配模型信息、装配环境模型信息和虚拟操作者模型信息组成；接着给出了虚拟装配仿真的一般流程，包括数据准备、场景初始化、虚拟装配操作过程仿真以及虚拟装配过程规划等步骤。该标准适用于机械产品三维装配建模设计形成的装配模型。

2) GB/T 26100-2010《机械产品数字样机通用要求》

该标准规定了数字样机的分类、构成、模型要求、建构要求、应用及管理要求。该标准首先对数字样机、数字化产品定义、全机样机、子系统样机、方案样机、详细样机、生产样机、几何样机、功能样机、性能样机、专用样机等术语进行了精确定义；然后分别按照数字样机研制阶段、使用目的、数据格式进行了分类。首次提出数字样机由几何信息、约束信息和工程属性三部分组成。按照数字样机的成熟度，将数字样机分为方案样机、详细样机和生产样机。此外，规定了数字样机的应用要求和管理要求。该标准适用于机械产品数字样机的构建、应用及管理。

3) GB/T 26099-2010《机械产品三维建模通用规则》

GB/T 26099-2010《机械产品三维建模通用规则》由4个部分组成，分别是通用要求、零件建模、装配建模及模型投影工程图。本系列标准适用于机械产品三维建模过程中三维数字模型的构建、应用及管理。内容上分别从机械产品三维建模的通用要求、零件建模要求和流程、装配建模要求和一般流程，以及基于三维模型投影生成工程图的技术要求等方面进行阐述。

4) GB/T 24734-2009《技术产品文件 数字化产品定义数据通则》

GB/T 24734-2009《技术产品文件 数字化产品定义数据通则》由11个部分组成，该系列标准包括数字化产品定义数据通则下的术语与定义、数据集识别与控制、数据集要求、设计模型要求等。该系列标准力求从制造业的角度，研究与制定数字化产品定义数据的规范化要求，解决目前在数字化设计与制造技术应用过程中，由于缺乏统一的数据集定义及管理、公差表示、基准应用、简化规则、属性定义、完整性以及关联性等方面的标准而产生技术信息的二义性、不确定性和模糊性，无法保证产品定义的正确理解及产品数据的交换和共享，无法为技术合作和贸易提供权威的技术依据、评估和仲裁准则等一系列问题。该系列标准为制造企业提供了数字化设计制造过程中应遵循的通用规范，同时为CAD、PDM软件的相关功能提出了规范化要求。

数字化设计与制造标准打通了三维数字化设计与制造的"断层"，促进了国家"甩图纸"工程的推进，并且填补了我国制造业三维数字化设计技术国家标准的空白。该系列标准自2009年开始在中国电子科技集团第三十八研究所、中国电子科技集团公司第二十研究所、中国北方车辆研究所、中航工业西安飞行自动控制研究所、中联重科股份有限公司混凝土机械分公司、国营第零八七一总厂、上海同济机电厂有限公司、常州先进制造技术研究所等企事业单位开展了应用,解决了军用装甲车、多普勒航管雷达、混凝土泵车、太阳能硅片激光划机、数控经编机、军用车载空调等多个军民品重点型号数字化研制中的技术瓶颈,在提升企业研发能力、提高产品质量、降低产品研制成本等方面取得了显著成效。该系列标准的实施,对于提升企业研发能力、提高产品质量、降低产品研制成本等有着重要的意义。

4.4.2 产品三维数字化工艺标准

1. 三维数字化工艺技术概念

三维数字化工艺的显著特点是基于三维产品模型和以数字量形式传递产品信息。"基于三维产品模型"特点包含两个方面:①以三维设计模型为输入,工艺设计人员不再依赖二维工程图纸,而是直接基于三维设计模型的特征来开展工艺设计;②以三维工艺模型为输出,即工艺技术文件以三维模型为核心载体,包含工艺、制造、检测等信息。

三维模型本质上是数字化的,因此基于模型的三维工艺应以数字量方式来传递产品信息,即上游形成的三维数字化设计模型直接传递到工艺环节,将三维数字化工艺模型输出到数控机床、三坐标测量仪等数字化设备。"以数字量形式传递"一方面形成了连续、完整的数字化产品数据链,另一方面使得计算机能够更好地理解和推理工艺知识。与二维工艺相比,三维工艺消除了大量需要手工维护的不增值环节(3D到2D转换等),提高了数据的一致性;以三维模型的直观性和可视性为用户提供了易于理解的工艺环境,对于复杂产品来说,能够有效降低工艺设计的差错率。

2. 标准制定背景

随着制造企业越来越多地采用数字化技术进行产品研发,特别是三维CAD技术的日益普及,基于三维产品模型的数字化工艺技术已成为企业的必需。近年来,有关学者和研究人员对三维数字化工艺相关理论和技术进行了研究,取得了一定的成果,这些成果主要集中在三维工艺设计方法、三维工序模型构建以及三维装配工艺设计与仿真等方面。与此同时,信息化软件企业也不断推出面向三维产品模型设计工艺的一体化解决方案或专门的商业化三维工艺设计软件。理论研究的进展和商业软件的出现为制造企业采用三维数字化工艺技术奠定了基础,一些数字化技术应用水平较高的企业已开始了应用试点。

在三维数字化工艺技术蓬勃发展之际,标准的研究和制定却较为滞后,这给企业带来了挑战。

为了促进三维数字化工艺技术的工程化应用,有必要尽早开展相关技术标准的研究和制定工作,使企业尽快摆脱无标准可依的窘境,这就要求从宏观层面研究并提出相应的标准体系,以指导相关标准的编制工作。

3. 国内外数字化工艺标准研究现状

目前，三维数字化工艺技术相关标准主要集中在三维模型标注方面，最典型的是基于模型定义(MBD)技术标准。MBD技术以一个集成的三维实体模型完整地表达产品定义信息，即将设计、制造、管理、属性等信息共同定义到产品的三维数字化模型中，从而取消二维工程图，以保证设计数据的唯一性。MBD建立的产品三维实体模型如图4-6所示。

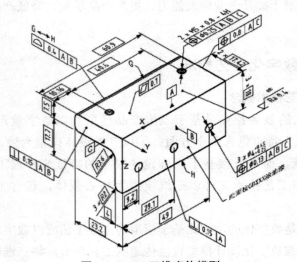

图4-6　MBD三维实体模型

MBD系列标准源于美国机械工程师协会颁布的数字化产品定义数据通则(ASME 14.41-2003 Digital Product Definition Data Practices)。此后，波音公司在该标准的基础上根据公司的具体实践制定了BDS 600系列标准，并将其应用于2004年开始的波音787客机的设计中。ASME Y14.41标准后来上升为ISO 16792:2006国际标准。

在国内，由中国电子科技集团公司第三十八研究所主编的基于ISO 16792:2006的中国国家标准——GB/T 24734-2009《技术产品文件 数字化产品定义数据通则》已于2009年发布，并在全国范围内实施。

现有的MBD标准虽给出了三维模型标注的一般方法和规定，但标注的信息主要是尺寸、公差、基准、粗糙度等与结构设计紧密相关的要素，还未涉及加工方法、工艺参数、设备、工装、检测等工艺信息要素。

4. 三维数字化工艺标准体系

针对三维工艺技术标准化需求，遵循标准体系构建原则，本书提出了如图4-7所示的三维数字化工艺标准体系，该体系主要包括三维工艺基础标准、三维工艺设计标准、三维工艺执

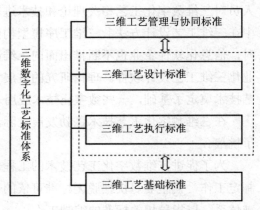

图4-7　三维数字化工艺标准体系

行标准以及三维工艺管理与协同标准。其中，三维工艺基础标准为其他标准的支撑，三维工艺管理与协同标准对三维工艺设计标准和执行标准进行协调。

(1) 三维工艺基础标准。三维工艺基础标准是本领域中的支撑标准，涵盖术语与定义、数据集要求、工艺信息图形表达以及工艺信息三维标注等方面，如图4-8所示。

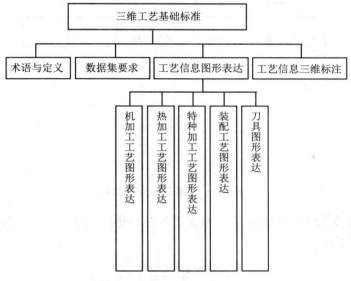

图4-8　三维工艺基础标准

(2) 三维工艺设计标准。三维工艺设计标准涵盖工艺设计、工艺仿真、工艺审查以及工艺发布等方面，如图4-9所示。

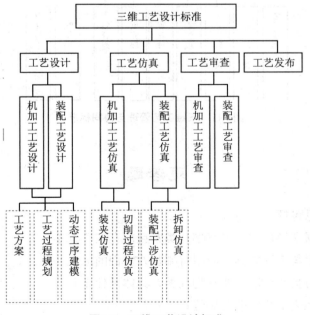

图4-9　三维工艺设计标准

(3) 三维工艺执行标准。三维工艺执行标准涵盖车间现场终端布置、车间现场工艺驱动执行、车间现场计量与检测、车间现场三维工艺例外信息等方面，如图4-10所示。

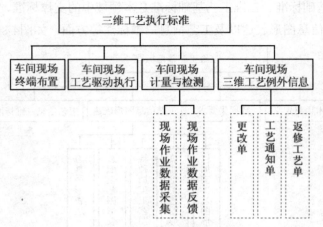

图4-10　三维工艺执行标准

(4) 三维工艺管理与协同标准。三维工艺管理与协同标准涵盖工艺管理和工艺协同两方面，如图4-11所示。

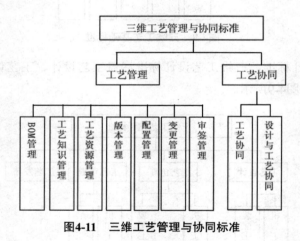

图4-11　三维工艺管理与协同标准

思考题

1. 产品制造信息包括哪些内容？
2. 产品模型数据交换标准主要有哪几类？目前存在哪些不足？
3. 产品建模技术与工程的典型应用有哪些？它们的原理是什么？
4. 数字化设计与制造标准主要分为几类？具体是什么？
5. 产品三维数字化工艺标准有哪些？

实 践 篇

第 5 章

草图绘制与零件建模

5.1 标准件

5.1.1 使用标准件库生成螺栓等螺纹连接件

(1) 生成M8×1公称长度为40mm的六角头螺栓。打开SOLIDWORKS软件后关闭弹窗，单击软件界面右侧的"设计库"图标，再选择"Toolbox"，并单击界面下方的"现在插入"以插入Toolbox，如图5-1所示。

(2) 生成零件。双击"GB"(指的是国标零件)文件夹，然后双击"螺栓和螺柱"文件夹，打开该文件夹后，再双击"六角头螺栓"文件夹，接着右击"六角头螺栓细牙"(根据自己的需求选择)，最后单击"生成零件"命令，完成零件的选择并弹出零件窗口，如图5-2所示。

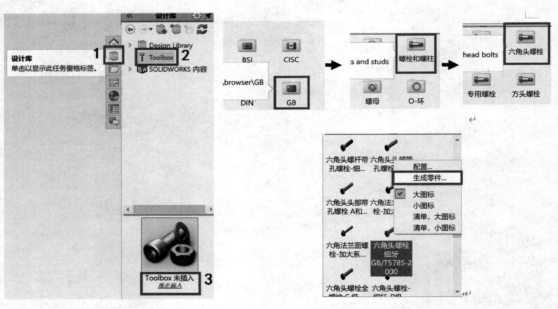

图5-1 启动标准件库　　　　　　　　图5-2 工具导航

(3) 零件参数设置。在零件界面的左侧配置零部件："大小"为"M8×1"，"长度"为"40"mm(见图5-3)。最后单击界面右上角的绿色勾号，完成零件的生成。

(4) 可以在左侧设计树中查看零件的建模过程，例如，该零件用到了"旋转"命令和"扫描切除"命令。

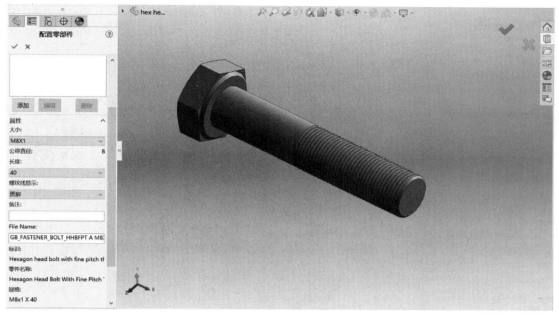

图5-3 生成六角头螺栓

5.1.2 使用标准件库生成齿轮

(1) 打开标准件库。按照图5-1所示的步骤启动标准件库。

(2) 生成零件。双击"GB"(指的是国标零件)文件夹,然后双击"动力传动"文件夹,打开该文件夹后,再双击"齿轮"文件夹,接着右击"正齿轮"(根据自己的需求选择),最后单击"生成零件"命令,完成零件的选择并弹出零件窗口,如图5-4所示。

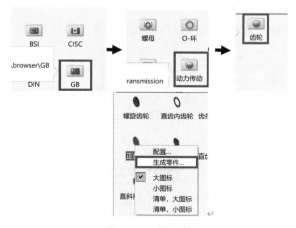

图5-4 工具导航

(3) 零件参数设置。在零件界面的左侧配置零部件:"模数"为"0.5","齿数"为"41","压力角"为"20"度,"面宽"为"13"mm(见图5-5)。最后单击界面右上角的绿色勾号,完成零件的生成。

图5-5 生成直齿圆柱齿轮

(4) 可以在设计树中查看零件的建模过程，例如，该零件用到了"旋转"命令和"阵列"命令。

5.1.3 使用标准件库生成滚动轴承

(1) 打开标准件库。按照图5-1所示的步骤启动标准件库。

(2) 生成零件。双击"GB"(指的是国标零件)文件夹，然后双击"轴承"文件夹，打开该文件夹后，再双击"滚动轴承"文件夹，接着右击"圆柱滚子轴承"(根据自己的需求选择)，最后单击"生成零件"命令，完成零件的选择并弹出零件窗口，如图5-6所示。

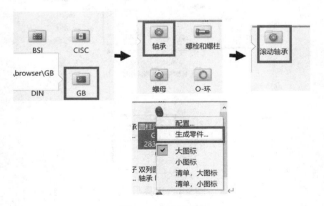

图5-6 工具导航

(3) 零件参数设置。在零件界面的左侧配置零部件："尺寸系列代号"为"02"，"大小"为"NU202E"(见图5-7)。最后单击界面右上角的绿色勾号，完成零件的生成。

图5-7 生成圆柱滚子轴承

(4) 可以在设计树中查看零件的建模过程，例如，该零件用到了"旋转"命令和"阵列"命令。

5.2 典型四大类零件建模

5.2.1 丝杠——轴套类零件1

- 建模任务：完成如图5-8所示的丝杠零件模型。

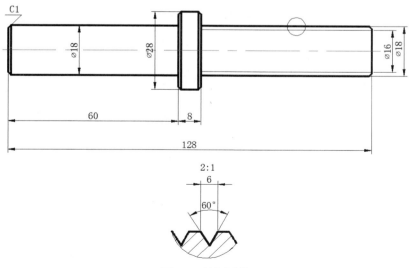

图5-8 丝杠零件

(1)"草图"命令。"草图"模块中有很多绘图命令(将鼠标悬停在某个图标上就可以看到该图标代表的含义),如图5-9所示。

图5-9 "草图"命令

注意:SOLIDWORKS里的草图绘图与CAD绘图不同。CAD绘图是固定的,一条线段画完之后,它的长度和方向是固定的,即使单击该线段,也无法进行修改;但是SOLIDWORKS里的草图绘图不同,单击线段后,可以修改线段的长度或方向,也可以添加一些几何关系,如相切、垂直、平行等,所以使用SOLIDWORKS画草图时,可以先画大概的轮廓,然后进行修改,不过轮廓必须接近最终的图形,否则修改完一条线段之后,轮廓可能会出现较大的偏差。

(2)绘制"旋转"命令的草图。先在设计树中单击"前视基准面",然后在"特征"中单击"旋转"命令(在"拉伸"命令旁边),进入绘制界面后,先用"中心线"命令(在"直线"命令中)画出旋转轴,长度任意,随后按电脑键盘上的Esc键就可以退出绘制界面。接着单击所画的直线,进行参数设置,然后勾选"无限长度"复选框,完成绘制(见图5-10)。该中心线为旋转轴。接下来用"直线"命令画如图5-11所示的草图。绘制草图时如果需要删除线段,可以使用"剪裁"命令(单击"剪裁"命令,按住鼠标左键,然后划过要删减的线段,就可以删除该线段),最后单击界面右上角的确认图标 ,完成草图的绘制。

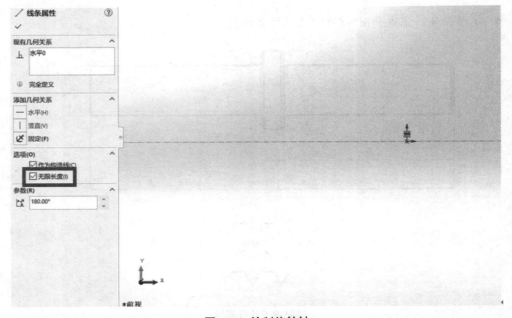

图5-10 绘制旋转轴

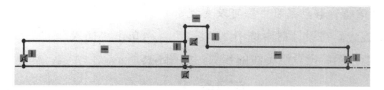

图5-11 绘制阶梯轴的旋转轮廓

(3) 创建主轴(旋转1)。进入旋转参数界面,使用默认参数,如图5-12所示。然后单击界面右上角的确认图标。

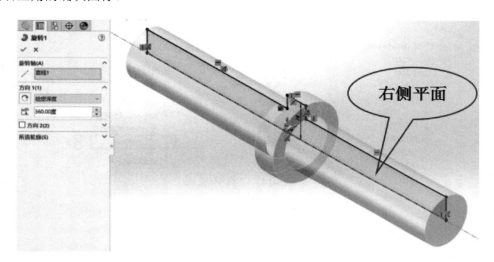

图5-12 完成阶梯轴旋转草图的绘制

(4) 绘制草图2。单击右侧的圆形平面(图5-12中的右侧平面),然后单击"草图"|"草图绘制",再单击"圆形"命令,画一个同圆心、同半径的圆(半径为9.00mm),如图5-13所示。画完之后单击 图标,完成草图2的绘制。

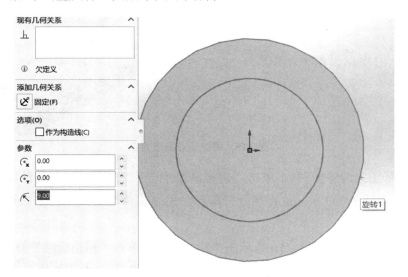

图5-13 绘制螺旋线草图

注意：按住滚轮，移动鼠标，即可改变视角。

(5) 创建螺旋线。在设计树中选中"草图2"，再单击"插入"|"曲线"|"螺旋线/涡状线"（见图5-14）。然后设置螺旋线的参数，如图5-15所示。

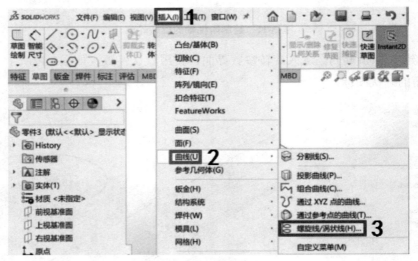

图5-14 工具引导

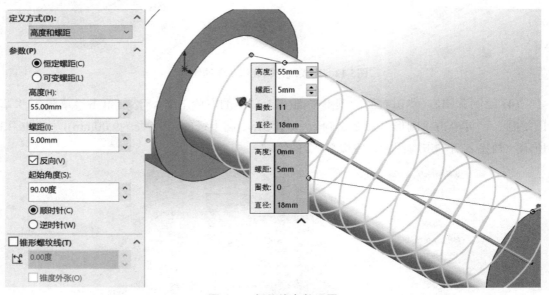

图5-15 螺旋线参数设置

(6) 绘制草图3(切除轮廓)。单击"前视基准面"|"草图"|"草图绘制"。再单击"线"命令，画边长为3.00mm的等边三角形。先画三角形轮廓，再依次选中每一条线段，更改长度和角度，如图5-16所示。

(7) 执行扫描切除(生成螺纹)。先单击"特征"，再单击"扫描切除"命令，然后设置"轮廓和路径"："路径"为"螺旋线"，"轮廓"为步骤(6)中所绘的草图3。其余参数如图5-17所示。

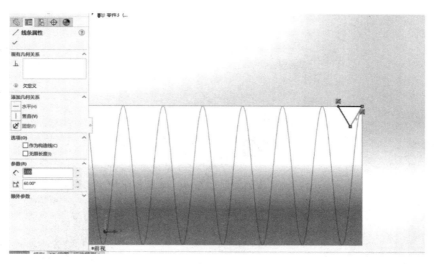

图5-16 扫描生成螺旋线草图

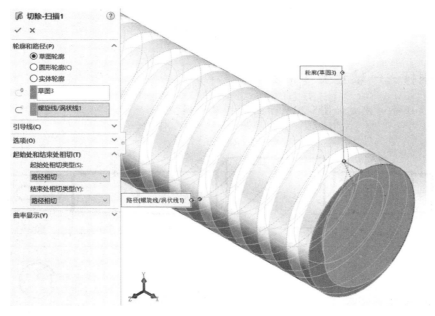

图5-17 生成螺纹

(8) 创建圆角/倒角。先单击"特征",再单击"圆角"命令下的"倒角"命令(见图5-18),然后依次选中要倒角的四条边线,如图5-19所示。

图5-18 "倒角"命令工具引导

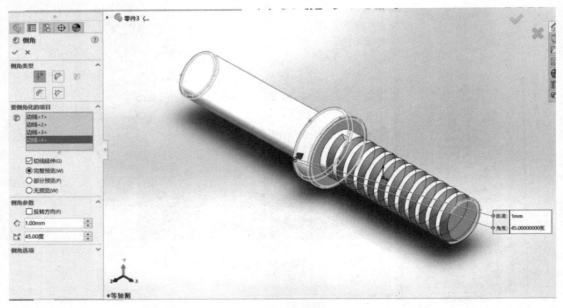

图5-19　丝杠零件模型

5.2.2　蜗杆——轴套类零件2

● 建模任务：完成如图5-20所示的蜗杆零件模型。

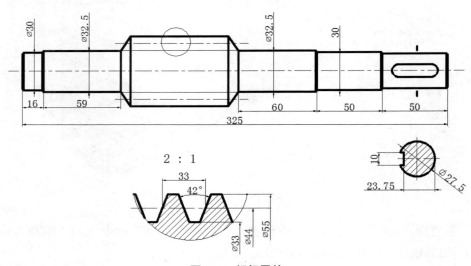

图5-20　蜗杆零件

(1) 创建旋转基体特征。打开SOLIDWORKS软件，在弹窗中单击"零件"，然后单击"前视基准面"，再单击"特征"中的"旋转"命令。进入草图绘制界面后，使用"直线"与"智能尺寸"命令画出草图，如图5-21所示(注意要有旋转轴)，然后单击界面右上角对勾，完成草图的绘制。设置旋转参数：如图5-22所示，"旋转轴"为中心轴线(直线1)，"方向"为"360.00度"。最后单击属性栏左上角确认图标(勾号)，完成特征的创建。

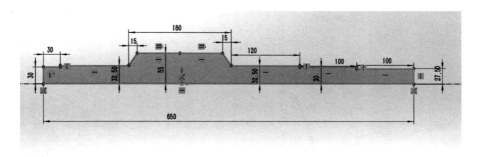

图5-21 蜗杆草图具体尺寸

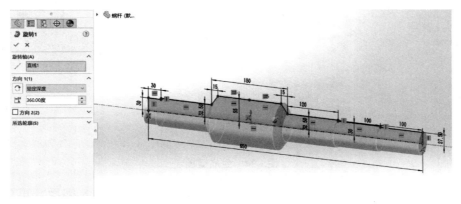

图5-22 使用旋转特征生成蜗杆

(2) 添加键槽特征。在左侧设计树中选择"上视基准面",再单击"特征"中的"拉伸切除"命令,进入草图绘制界面,然后画出草图(见图5-23)。拉伸参数如图5-24所示(注意选择等距)。

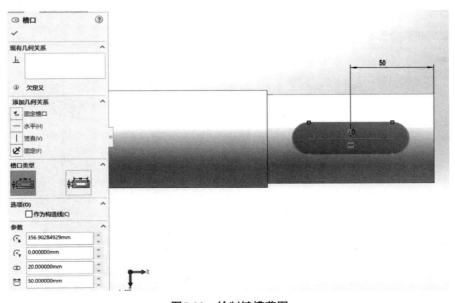

图5-23 绘制键槽草图

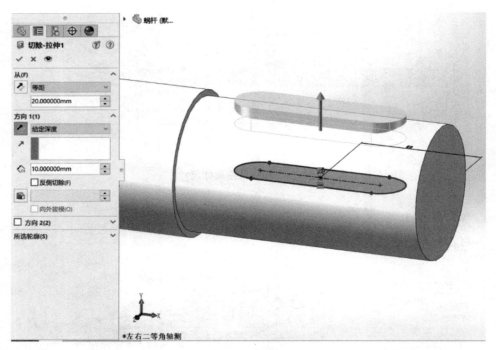

图5-24　生成键槽

(3) 绘制螺旋线特征草图。单击步骤(1)中生成的旋转特征的左端面,再单击"草图"|"草图绘制",进入草图绘制界面,接着利用"转换实体引用"|"智能尺寸"命令绘制草图,如图5-25所示。

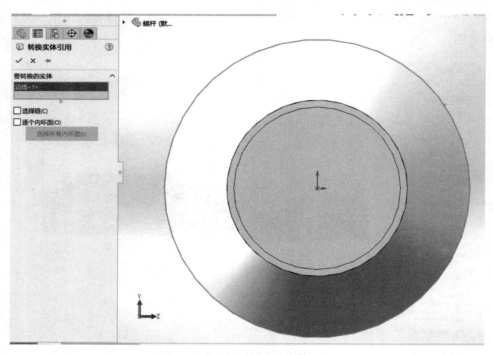

图5-25　确定螺旋线草图的基准面

(4) 添加螺旋线特征。选中设计树中的草图3(见图5-26)，在"特征"中选择"曲线"命令，然后在下拉列表框中选择"螺旋线"，接着设置螺旋线参数："螺距"为"30.000000mm"，"圈数"为"12"。参见图5-27。

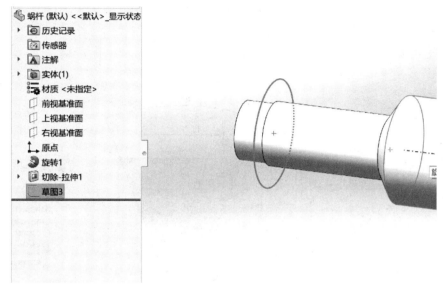

图5-26 插入螺旋线

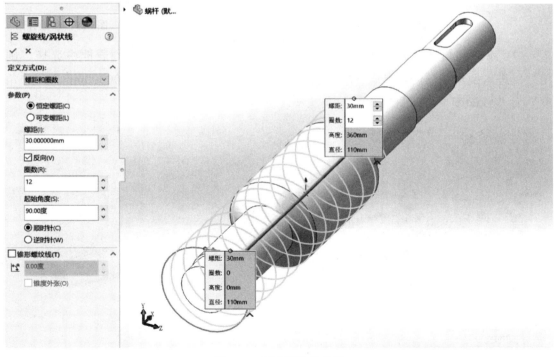

图5-27 设定螺旋线参数

(5) 绘制齿形草图。单击"前视基准面"，再单击"草图"|"草图绘制"命令，进入草

图绘制界面,使用"直线"和"智能尺寸"命令绘制草图并添加几何关系,如图5-28所示。

(6) 添加齿形特征。先单击"特征"中的"扫描切除"命令,然后设置"轮廓和路径":"轮廓"为步骤(5)中绘制的草图4,"路径"为"螺旋线"。最后单击参数界面左上角的确认图标(勾号),完成齿形特征的创建。参见图5-29。

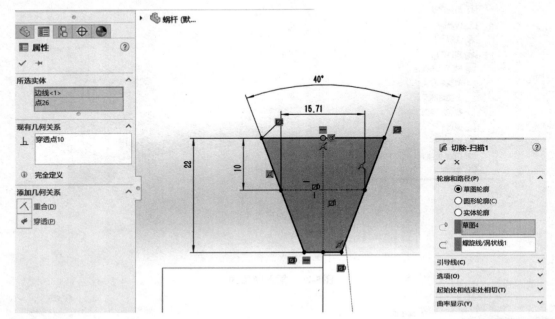

图5-28　绘制齿形草图　　　　　　　　　　　图5-29　参数界面

(7) 添加倒角特征。单击"特征"中的"圆角"命令,在下拉列表框中选择"倒角",进入倒角特征创建界面,然后设置倒角参数:"距离"为"2.000000mm","角度"为"45.00度"。如图5-30所示。

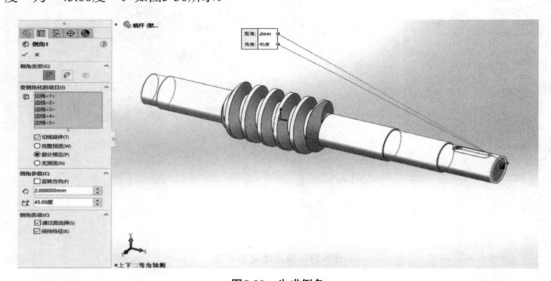

图5-30　生成倒角

(8) 完成蜗杆的建模，如图5-31所示。

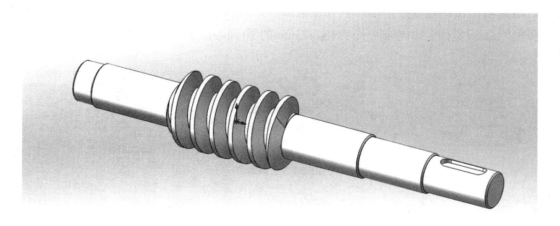

图5-31 蜗杆零件模型

5.2.3 蜗轮——轮盘类零件

- 建模任务：完成如图5-32所示的蜗轮零件模型。

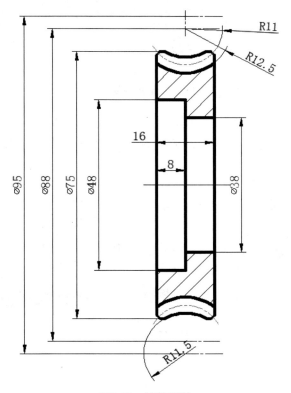

图5-32 蜗轮零件

(1) 绘制基体草图。打开SOLIDWORKS软件，在弹窗中单击"零件"，创建一个新零件，然后右击左侧设计树中的"前视基准面"，进入草图绘制界面，利用"草图"中的"圆形"命令(见图5-33)绘制一个直径为75mm的圆(圆心位于原点)，如图5-34所示。

图5-33　工具导航

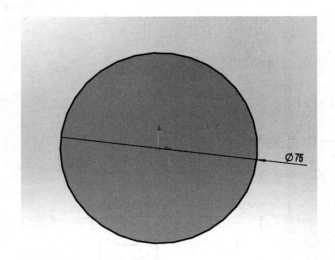

图5-34　草图绘制界面

(2) 创建基体特征。先单击"特征"中的"拉伸凸台/基体"，对草图进行拉伸，然后设置拉伸参数："方向"为"两侧对称"，"拉伸长度"为"16.00mm"。参见图5-35和图5-36。

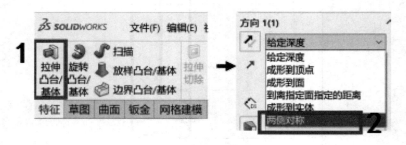

图5-35　工具导航

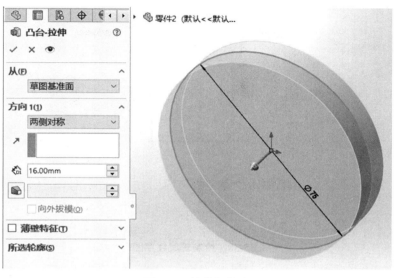

图5-36 拉伸蜗轮盘

(3) 添加倒角特征。选中步骤(2)中圆柱特征的两个端面,单击"特征"中的"倒角"命令,然后设置倒角参数:"距离"为"1.00mm","角度"为"45.00度"。最后单击左上角的对勾,完成倒角特征的创建,如图5-37所示。

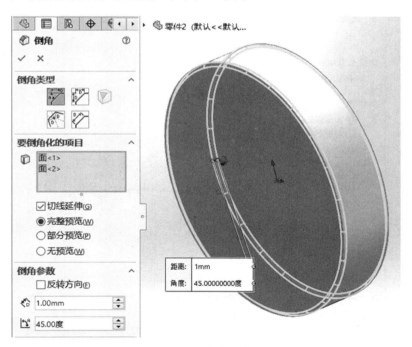

图5-37 生成倒角

(4) 绘制螺旋线草图。在左侧设计树中右击"右视基准面",然后单击"草图绘制",进入草图绘制界面,接着使用"圆形"命令和"智能尺寸"命令绘制一个直径为25mm的圆,其中心与原点的距离为47.50mm,如图5-38所示。

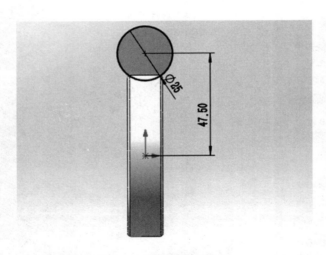

图5-38 绘制螺旋线草图

(5) 创建螺旋线特征。先单击"草图"|"退出草图",再单击"特征"中的"曲线"命令,在下拉列表框中选择"螺旋线/涡状线"命令,此时用鼠标左键选中步骤(5)中绘制的草图,并在左侧属性栏中设置螺旋线参数:"螺距"为"7.854mm","圈数"为"1"。最后单击确认图标(勾号),完成螺旋线特征的创建,如图5-39所示。

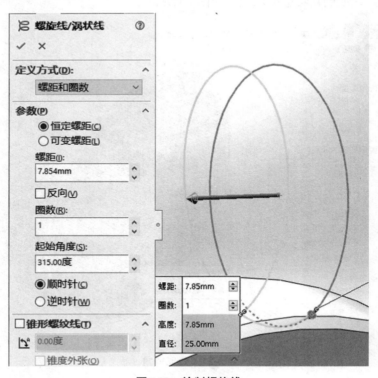

图5-39 绘制螺旋线

(6) 绘制蜗轮齿形草图。单击左侧设计树中的"前视基准面",然后单击"草图绘制",进入草图绘制界面,接着使用"智能尺寸"命令对草图尺寸与位置进行限制,圆心距离原点47.50mm,"齿形角"为20°,"齿厚"为3.93mm。参见图5-40。

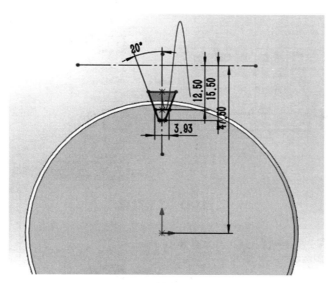

图5-40 绘制蜗轮齿形草图

(7) 创建单个齿形特征。单击"特征"中的"扫描切除"命令,然后在"轮廓"选项框中单击步骤(6)中绘制的草图,在"路径"选项框中选择创建好的螺旋线特征,并将"切除方式"设置为"全路径切除",如图5-41所示。

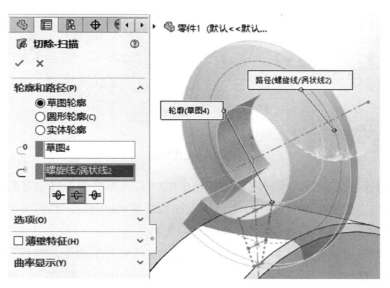

图5-41 扫描切除特征

(8) 创建阵列齿形特征。单击"特征"中的"线性阵列",在下拉列表框中选择"圆周阵列"命令,然后在左侧属性栏中设置参数:"方向"为步骤(2)中圆柱特征的端面,"特征"为步骤(7)中创建的扫描切除特征(只需要单击特征的面),在"数量"选项框中将阵列数量设置为"28"。参见图5-42和图5-43。

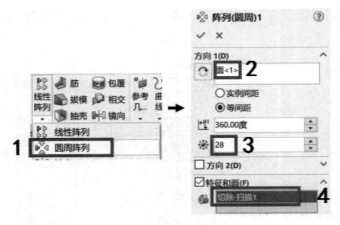

图5-42 工具引导

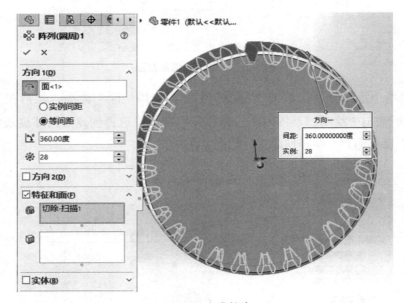

图5-43 生成轮齿

(9) 绘制切除特征草图。单击左侧设计树中的"右视基准面"以创建新草图,然后用"圆形"命令与"智能尺寸"命令绘制一个直径为22.50mm的圆,并约束其位置关系。同时绘制一条通过原点的水平中心轴线,如图5-44所示。

(10) 创建旋转切除特征。单击"特征"中的"旋转切除"命令,然后设置切除参数:"旋转轴"为步骤(9)中绘制的中心线,"轮廓"为步骤(9)中绘制的圆。最后单击确认图标(勾号),完成旋转切除特征的创建,如图5-45所示。

(11) 创建通孔特征。选择步骤(2)中圆柱特征的一个端面,然后单击"草图"|"草图绘制"命令,进入草图绘制界面,绘制一个圆。接着单击"特征"中的"拉伸切除"命令,设置拉伸参数:拉伸轮廓为步骤(9)中绘制的草图圆,拉伸长度为"完全贯穿",如图5-46所示。

第 5 章 草图绘制与零件建模

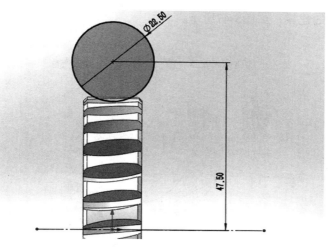

图5-44 绘制轮齿弧形草图

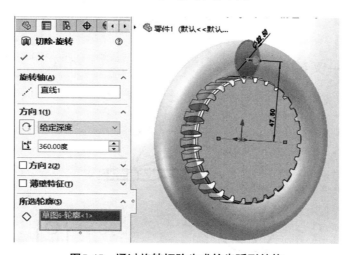

图5-45 通过旋转切除生成轮齿弧形结构

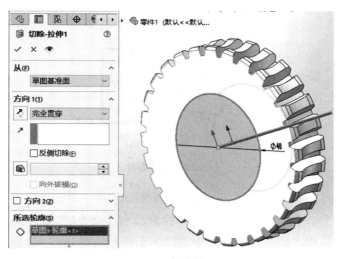

图5-46 拉伸轴孔

(12) 完成蜗轮的建模，如图5-47所示。

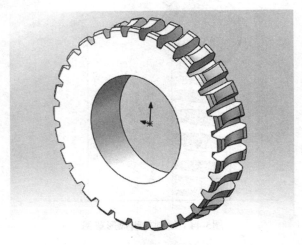

图5-47　蜗轮零件模型

5.2.4　踏架——叉架类零件

- 建模任务：完成如图5-48所示的踏架零件模型。

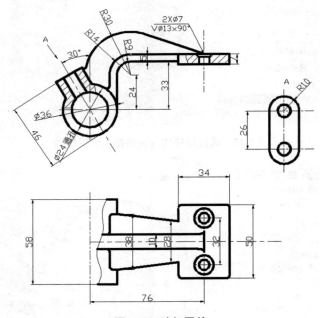

图5-48　踏架零件

(1) 绘制草图1(主轴的草图)。打开SOLIDWORKS软件，单击"零件"，再单击设计树中的"前视基准面"，在"特征"中单击"拉伸凸台"命令(见图5-49)，接着进入草图绘制界面，绘制草图，用"圆形"命令在中心画一个半径为19.00mm的圆。画完圆后，单击 图标，完成草图的绘制(见图5-50)。

第 5 章 草图绘制与零件建模   77

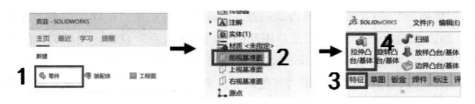

图5-49 工具引导

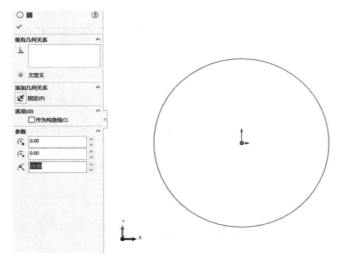

图5-50 草图绘制

注意：画圆时如果难以保证半径为19.00mm，可以单击圆弧，进入参数修改界面，然后通过修改半径数值，获得准确半径。(对于每一个建模命令的草图绘制步骤，进入参数设置界面以及完成该命令的操作都一致，这里已详细介绍，以下的步骤和其他建模案例不再详述。)

(2) 创建拉伸1(主轴)。进入参数设置界面：拉伸长度为"58.00mm"，"方向"为"两侧对称"，如图5-51所示。设置完成后，单击✓图标，拉伸1操作完成。(接下来的拉伸、旋转等命令的操作都与此类似，注意，拉伸操作的草图必须是封闭的图形，如果草图不是封闭的图形，则软件会报错。)

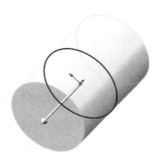

图5-51 拉伸特征参数设置

(3) 创建踏架肋板(拉伸2)。单击"前视基准面",再单击"拉伸"命令,进入草图绘制界面,画出草图(见图5-52),注意草图间的几何约束关系。注意,先画圆,然后画与圆相切的直线,要先设置好长度(32mm),然后画出其余线段的大概长度。两段圆弧用"圆角"命令来画,尺寸的长度可以用"智能尺寸"来定义,你也可以直接选中线段并修改参数。拉伸的参数配置如图5-53所示。

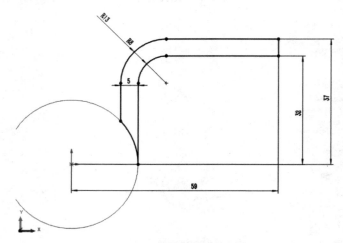

图5-52 拉伸特征草图绘制

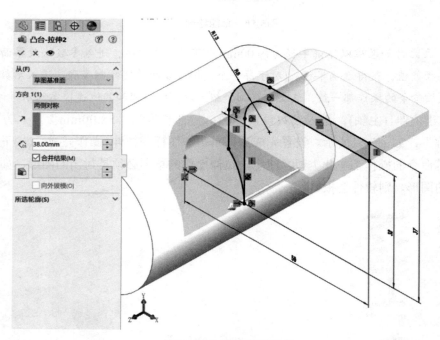

图5-53 踏架肋板的拉伸

(4) 建立基准轴。先单击"参考几何体",再选中其中的"基准轴"(见图5-54),然后选择拉伸1的圆柱面,最后单击绿色的勾号,完成基准轴的建立(见图5-55)。注意:须在操作界面内选中"圆柱/圆锥面"。

图5-54 工具引导

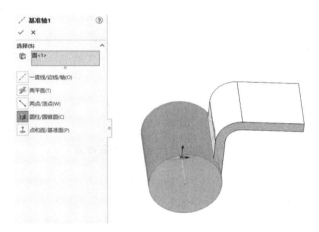

图5-55 操作界面

(5) 建立基准面。单击"基准轴"|"基准面"(基准面的位置详见步骤(4)的工具引导),建立一个新的平面,如图5-56所示。

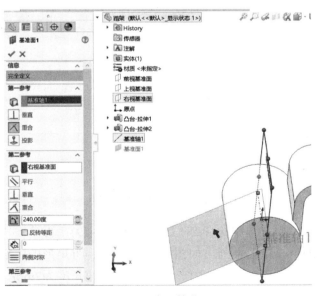

图5-56 建立基准面

(6) 创建凸台(拉伸3)。单击并选中步骤(5)中建立的基准面(见图5-57)，再单击"拉伸"命令，进入草图绘制界面，接着单击"中心点直槽口"图标 ⌾，画出的草图如图5-58所示。拉伸长度为25.00mm，方向为"给定深度"。注意，软件只有三个基准面，如果模型无法通过三个基准面来建立，就要根据模型来新建基准面。

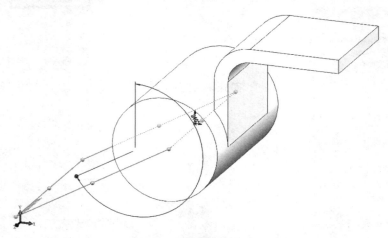

图5-57　确定凸台拉伸草图基准面

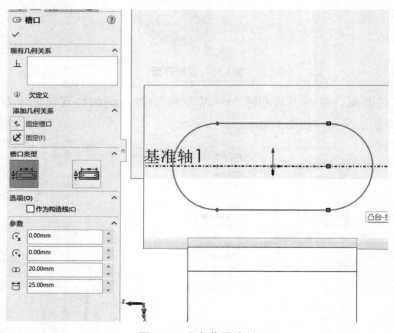

图5-58　凸台草图绘制

(7) 创建拉伸4。单击并选中拉伸2的上表面(见图5-59)，再单击"拉伸"命令。进入草图绘制界面，单击中心矩形，画出如图5-60所示的矩形(矩形的中心与原点在同一条水平线上，可以用"智能尺寸"来约束图形的位置)。拉伸长度为7mm，方向为"给定深度向下"。

第 5 章　草图绘制与零件建模

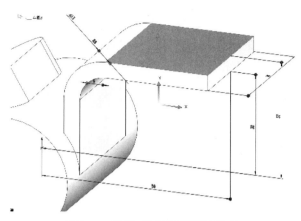

图5-59　拉伸4草图基准面的选择

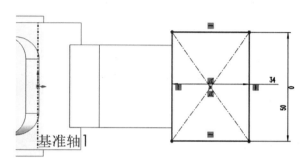

图5-60　绘制拉伸4草图

(8) 创建加强筋。单击并选中"前视基准面",再单击"筋"命令(见图5-61)。进入草图绘制界面,画出草图(如图5-62所示)。设置筋的参数:厚度为"10mm",方向为"反方向"。

图5-61　工具引导

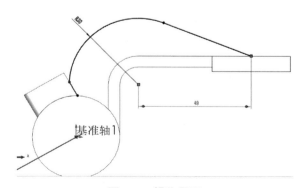

图5-62　操作界面

(9) 创建沉头孔。单击并选中拉伸2的上表面，如图5-59所示，再单击"异型孔向导"，并单击"孔类型"中的"锥形沉头孔"。其余参数及孔的圆心位置见图5-63(孔的圆心与筋的边线在同一竖直线上)。

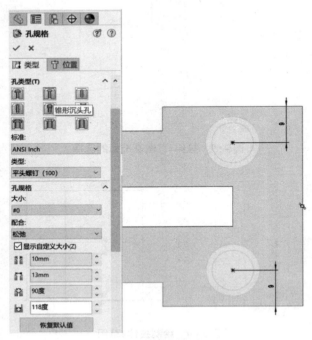

图5-63　孔向导面板参数设置

(10) 创建拉伸切除1(主轴上的通孔)。单击并选中"前视基准面"，再单击"拉伸切除"命令(在"异型孔向导"旁边)，在草图中画一个半径为12mm的圆(其圆心与拉伸1中的圆相同)，拉伸参数如图5-64所示。

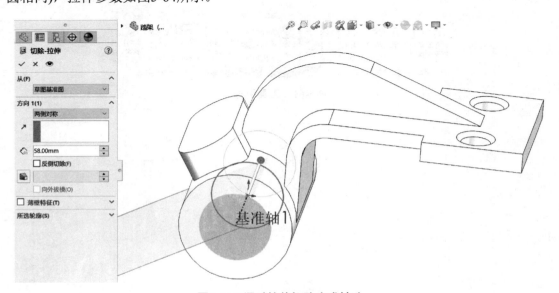

图5-64　通过拉伸切除生成轴孔

(11) 绘制草图10并确定凸台螺纹孔的位置。单击拉伸3的上表面,如图5-65所示,再单击"草图"中的"草图绘制"命令,绘制一条轴线和两个点(见图5-66),最后单击确认图标,完成草图10的绘制。

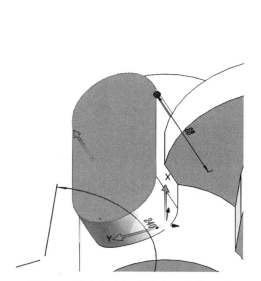

图5-65　确定凸台螺纹孔草图的基准面

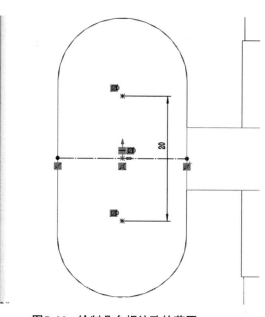

图5-66　绘制凸台螺纹孔的草图

(12) 创建螺纹孔。单击"异型孔向导",类型参数如图5-67所示,然后设置位置:孔的圆心位置与草图10的两个点一致。

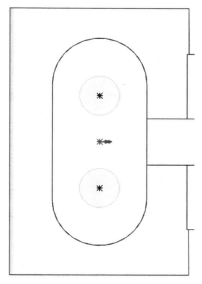

图5-67　生成凸台螺纹孔

(13) 完成踏架的建模,如图5-68所示。

84　三维建模及应用

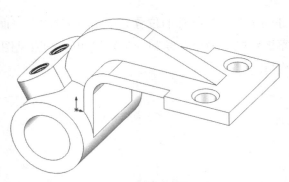

图5-68　踏架零件模型

5.2.5　泵体——箱体类零件

● 建模任务：完成如图5-69所示的泵体零件模型。

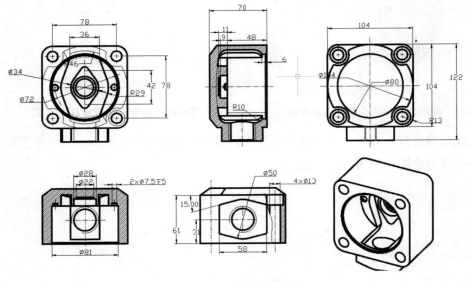

图5-69　泵体零件

(1) 绘制基体特征草图。打开SOLIDWORKS软件，在弹出的窗口中单击"零件"，然后右击设计树中的"前视基准面"，选择"草图绘制"命令，进入草图绘制界面，接着用草图中的矩形 ▫ 命令与圆角 ⌐ 命令绘制草图，如图5-70所示。

(2) 创建基体特征。单击"特征"中的"拉伸凸台/基体"以进行拉伸操作，然后在左侧属性栏设置拉伸的参数：拉伸方式为"给定深度"，拉伸距离为61mm。最后单击左上角确认图标(勾

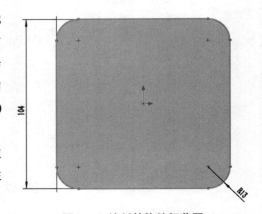

图5-70　绘制基体特征草图

号),完成拉伸操作。

(3) 绘制异形凸台特征草图1。单击"草图",选择"草图绘制",然后选择步骤(2)中创建的实体的一个端面作为基准面进行草图绘制,利用"圆形"与"裁剪实体"命令绘制多个圆并修剪掉多余的线条部分,最后单击左上角的"草图"|"退出草图"命令,完成草图的绘制,如图5-71、图5-72所示。

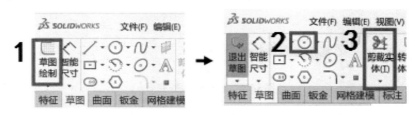

图5-71 工具引导

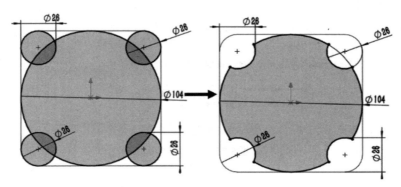

图5-72 绘制草图

(4) 绘制异形凸台特征草图2。单击"特征"中的"参考几何体"命令,在下拉列表框中选择"基准面",然后在左侧属性栏将"第一参考"设置为步骤(3)中的草图基准面,参数为等距9.00mm,随后单击左上角的确认图标(勾号),完成新基准面的创建。接下来选择该新建基准面,进入草图绘制界面,绘制一个以原点为中心的直径为80mm的圆草图。参见图5-73和图5-74。

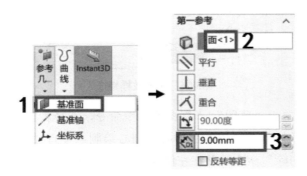

图5-73 工具引导

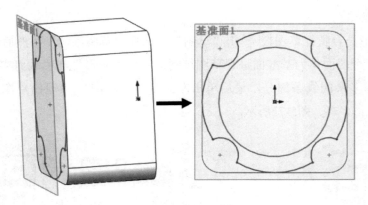

图5-74　建立参考基准面

(5) 创建异形凸台特征。单击"特征"中的"放样凸台/基体"命令，在左侧属性栏的"轮廓"选项框中依次选择步骤(4)中绘制的草图与步骤(3)中绘制的草图，然后单击左上角的确认图标(勾号)，完成放样凸台操作，如图5-75和图5-76所示。

图5-75　工具引导

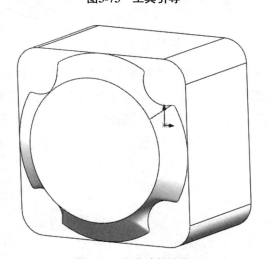

图5-76　生成放样特征

(6) 创建孔特征。单击"草图"|"草图绘制"命令，选择步骤(2)中创建的特征实体的另一端面，进入草图绘制界面，以截面中心为圆心绘制一个直径为81mm的圆，然后单击"特征"中的"拉伸切除"命令，并在左侧属性栏设置参数：拉伸方式为"给定深度"，拉伸距离为48mm。最后单击左上角确认图标(勾号)，完成切除操作，如图5-77所示。

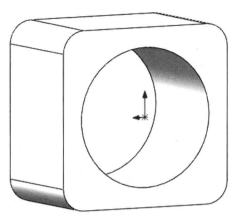

图5-77 通过拉伸切除生成孔

(7) 拉伸曲面。单击"草图"|"草图绘制"命令，在左侧的设计树中选择"右视基准面"，进入草图绘制界面，然后利用"圆形"与"裁剪实体"命令绘制相应尺寸的草图(注意直径为420mm的圆的圆心与原点在同一条水平线上)，接着单击属性栏中的"曲面"，选择"拉伸曲面"命令，并设置参数：拉伸方式为"两侧对称"，拉伸距离为"104.00mm"。参见图5-78和图5-79。

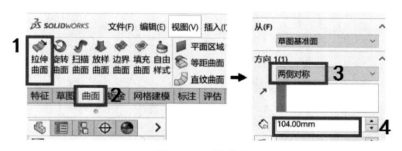

图5-78 工具引导

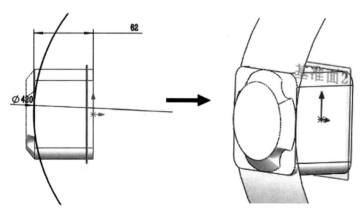

图5-79 拉伸曲面

(8) 创建新基准面。依照步骤(4)创建新基准面，将"第一参考"设置为步骤(6)中的

草图基准面，然后设置参数：基准方式为"等距"，距离为"6.00mm"。接着单击"草图"|"草图绘制"命令，选择该新基准面进行草图绘制，用"圆形""直线""裁剪实体"等命令依据尺寸进行绘制(注意，需要以两条相互垂直的中心线为基准进行绘制)，如图5-80和图5-81所示。

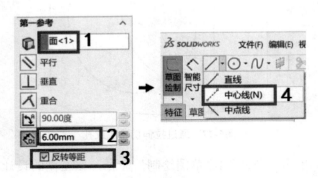

图5-80　工具引导

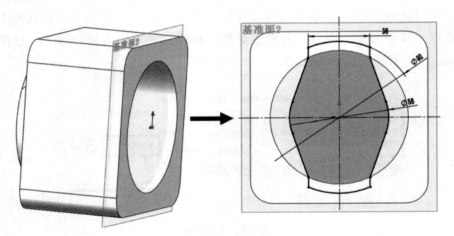

图5-81　建立新基准面并绘制草图

(9) 创建拉伸切除特征。单击"特征"中的"拉伸切除"命令，设置拉伸参数：拉伸方式为"成形到面"，"面/曲面"为步骤(7)中创建的曲面特征。最后单击左上角确认图标(勾号)，完成拉伸切除操作(见图5-82和图5-83)。

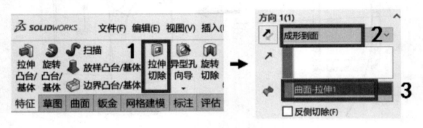

图5-82　工具引导

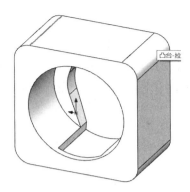

图5-83 通过拉伸切除生成泵体内孔

(10) 创建拉伸切除特征草图。根据步骤(4)建立新的基准面，选择步骤(6)中的草图基准面，并为新基准面设置参数："方式"为"等距"，"距离"为"48.00mm"。然后单击"草图"|"草图绘制"命令，选择新建的基准面进行草图绘制，并利用"圆形"和"智能尺寸"命令约束几何关系(注意，需要用两条垂直的中心线作为草图尺寸基准)。参见图5-84。

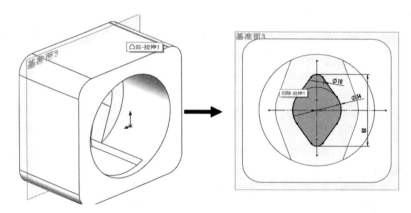

图5-84 选择基准面绘制凸台草图

(11) 创建拉伸切除特征。选择"特征"中的"拉伸凸台/基体"，并设置拉伸参数：拉伸方式为"成形到面"，"面/曲面"为步骤(7)中创建的曲面特征。最后单击左上角确认图标(勾号)，完成拉伸操作(见图5-85)。

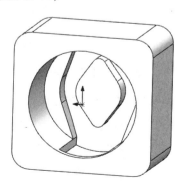

图5-85 拉伸凸台

(12) 创建凸台特征。单击"草图"|"草图绘制"命令,选择步骤(6)中的草图基准面进行草图绘制,并利用"智能尺寸"命令限制角度、长度等。然后单击"特征"中的"拉伸凸台/基体"命令,并设置拉伸参数:拉伸方式为"给定深度",拉伸深度为"18.00mm"。最后单击左上角确认图标(勾号),完成拉伸操作(见图5-86)。

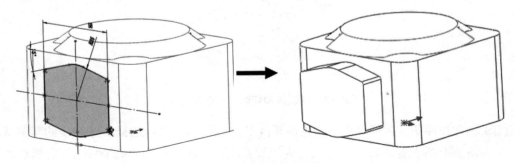

图5-86 绘制草图并拉伸凸台

(13) 创建孔特征。单击"特征"中的"异型孔向导"命令,并在左侧属性栏设置参数:"孔类型"为"直螺纹孔"|"底部螺纹孔","大小"为"M33","终止条件"为"成形到下一面"。然后单击"类型"旁的"位置选择",扫描附着点位于步骤(12)所绘草图的中心点处,确定位置后单击左键,再立即单击右键,完成螺纹孔的创建(见图5-87)。

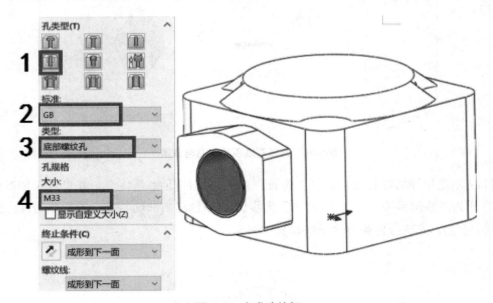

图5-87 生成孔特征

(14) 创建定位孔特征。单击"草图"|"草图绘制"命令,选择步骤(6)中的草图基准面进行草图绘制,画出四个直径为13mm的圆,圆心位于实体的四个圆角的圆心处。然后单击"特征"中的"拉伸切除"命令,并设置参数:拉伸方式为"完全贯穿"。最后单击左上角确认图标(勾号),完成孔特征的创建(见图5-88)。

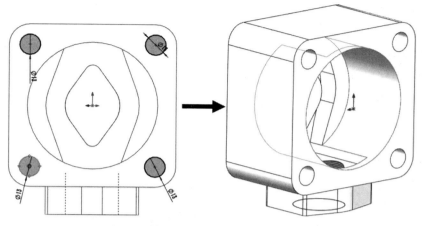

图5-88 绘制草图并通过拉伸切除生成孔

(15) 完成泵体零件的建模，如图5-89所示。

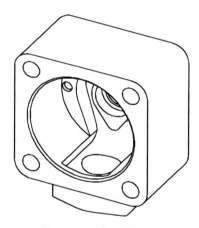

图5-89 泵体零件模型

5.3 曲面建模

- 建模任务：完成如图5-90所示的四通管模型。

(1) 打开SOLIDWORKS软件，单击"零件"，查看"特征"那一行是否有"曲面"命令，如果有，则可以跳过该步骤。如果没有，则先右击"草图"，然后选中"选项卡"，再勾选"曲面"复选框(见图5-91)。

图5-90 四通管模型　　　　　　　　**图5-91 工具引导**

(2) 拉伸曲面。单击"曲面"|"前视基准面",再单击"拉伸曲面"命令(见图5-92),进行"曲面-拉伸1"操作。进入草图绘制界面,在中心原点处画一个半径为30.000000mm的圆(见图5-93)。然后设置拉伸参数:方向为"两侧对称",拉伸长度为"120.000000mm"(见图5-94)。

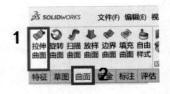

图5-92　工具引导

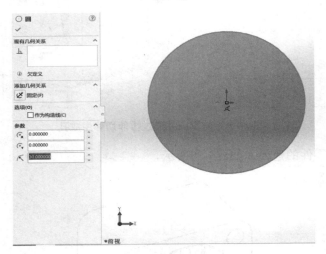

图5-93　操作界面

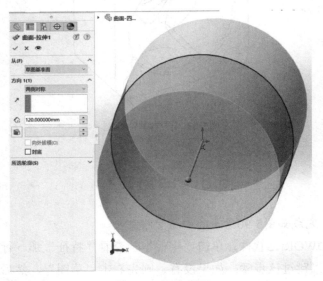

图5-94　拉伸曲面

(3) 重复拉伸曲面。选中"右视基准面",再单击"拉伸曲面"命令,进行"曲面-拉伸2"操作,草图绘制和拉伸参数与步骤(2)一致。

(4) 剪裁曲面。选中"上视基准面",再单击"剪裁曲面"命令(见图5-95),进行"曲面-剪裁1"操作,接着进入草图绘制界面,用"线段"命令画一个多线段的正方形,这一步一定要用"线段"命令一段一段地画,可以用"几何约束"来使线段对齐。参见图5-96。

图5-95 工具引导

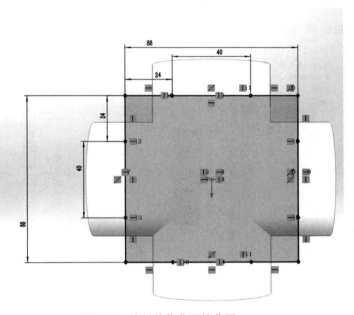

图5-96 绘制剪裁曲面的草图

注意:正方形的中心与原点重合。

剪裁界面如图5-97所示。

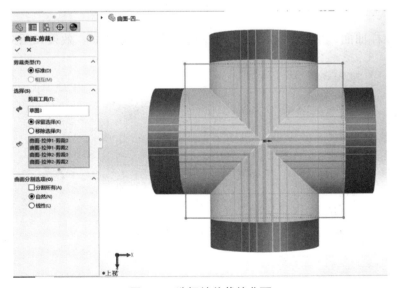

图5-97 选择被剪裁的曲面

注意：绘制完草图，进入剪裁界面后，依次单击正方形外的四个圆柱面，此时正方形内与外的圆柱面有颜色差别(见图5-97)。

(5) 放样曲面。直接单击"放样曲面"命令(见图5-98)。然后单击两条相邻的圆柱曲面轮廓线，设置参数："开始约束"与"结束约束"都设置为"与面相切"(见图5-99)。

图5-98　工具引导

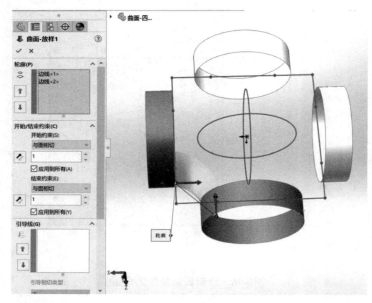

图5-99　曲面放样

注意：鼠标左键单击的位置要尽量处于同一水平位置，如果选错边线，可以通过右键单击来删除。

(6) 重复放样曲面。用"放样曲面"命令建立另外三个曲面。效果如图5-100所示。

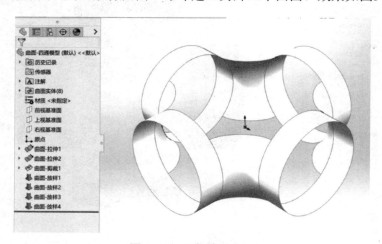

图5-100　重复放样曲面

(7) 填充曲面。直接单击"填充曲面"命令(见图5-101),进行"曲面填充1"操作。进入界面后,依次选中圆柱面和放样填充的四个曲面的边线(见图5-102)。

图5-101　工具引导

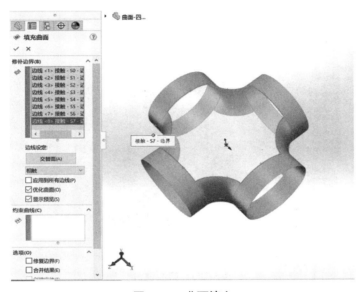

图5-102　曲面填充

(8) 重复填充曲面。再次单击"填充曲面"命令,对另一面进行填充。效果如图5-103所示。

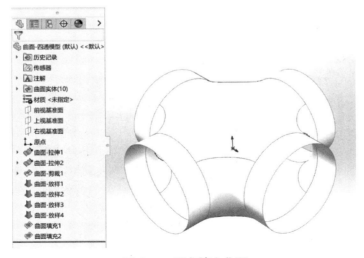

图5-103　重复填充曲面

(9) 缝合曲面。单击"缝合曲面"命令(见图5-104)，进入参数界面后，按住左键，拉出一个框并选中整个模型(见图5-105)。最后单击绿色勾号，完成操作。

图5-104　工具引导

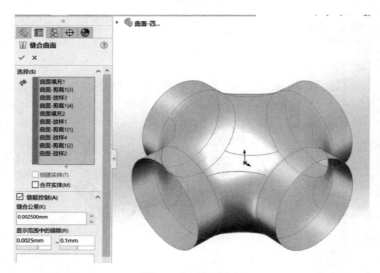

图5-105　曲面缝合

(10) 加厚曲面。单击"加厚"命令(该命令在"缝合曲面"命令旁边)，然后选中该模型，将其厚度设置为"3.000000mm"(见图5-106)。

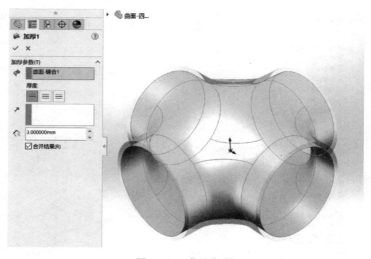

图5-106　曲面加厚

(11) 完成四通管的建模，如图5-107所示。

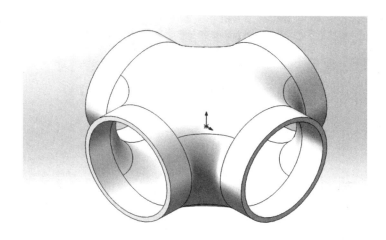

图5-107 四通管模型

5.4 钣金建模

- 建模任务：完成如图5-108所示的钣金零件模型。

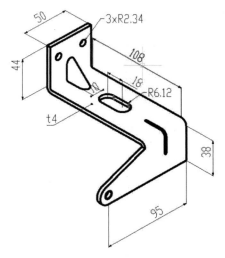

图5-108 钣金零件模型

(1) 打开软件，单击"零件"，查看"特征"那一行是否有"钣金"命令，如果有，可以跳过该步骤。如果没有，则先右击"草图"，然后选中"选项卡"，再勾选"钣金"。

(2) 创建基体法兰1。先选中"前视基准面"，再单击"基体法兰"命令(见图5-109)，进入草图绘制界面，画出草图(见图5-110)，钣金参数如图5-111所示。

注意： "钣金角撑板"命令会在后续步骤中用到。

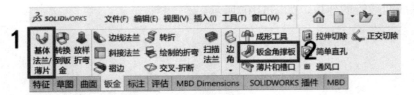

图5-109　工具引导

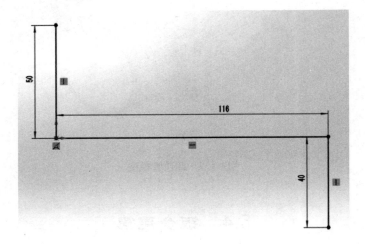

图5-110　绘制草图

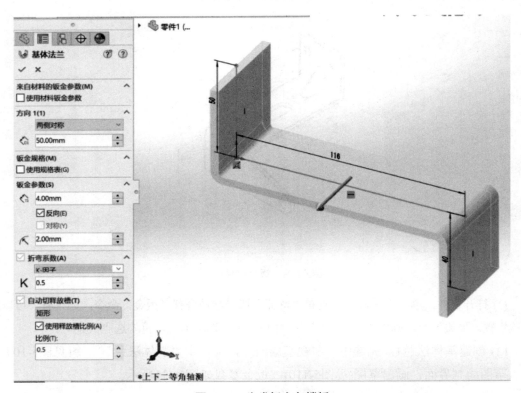

图5-111　生成钣金角撑板

(3) 创建薄片1。单击图5-111中钣金角撑板最右边的平面(见图5-112)，再单击"基体法兰"命令。画出草图(见图5-113)，注意圆与直线相切(按住Ctrl键，依次单击直线与圆弧，再单击"相切"命令)。

注意勾选"合并结果"复选框，此操作为"薄片1"操作(见图5-114)。

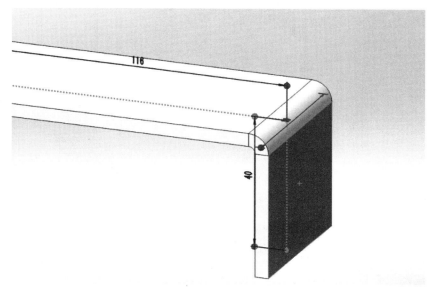

图5-112　选择基准面

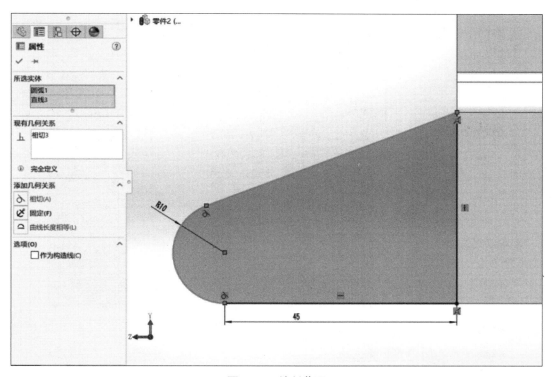

图5-113　绘制草图

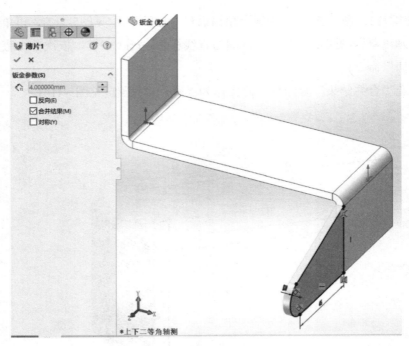

图5-114　生成薄片

(4) 创建螺纹孔1。先单击高度为50mm的平面，再单击"特征"中的"异型孔向导"命令，将"孔类型"设置为"直螺纹孔"，孔的位置如图5-115所示。

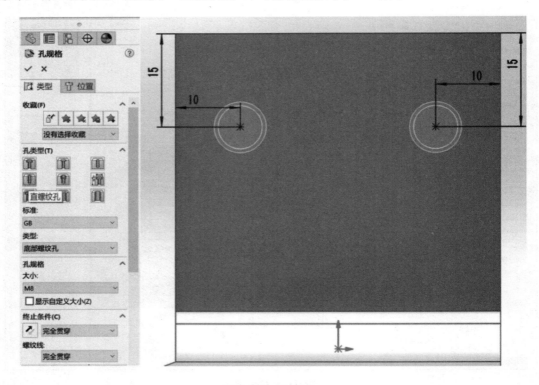

图5-115　生成孔

(5) 创建螺纹孔2。再次单击"异型孔向导","孔类型"的设置与步骤(4)一致,孔的圆心位置与薄片的圆弧的圆心重合,如图5-116所示(注意,可以把鼠标移到圆弧上,出现圆心的位置后单击圆心)。

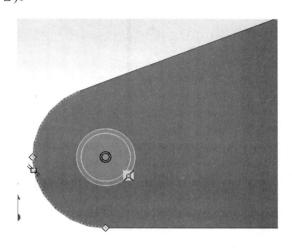

图5-116 生成异型孔

(6) 创建钣金角撑板1。直接单击"钣金角撑板"命令(位置见图5-109),再选中钣金"上侧面"与"水平面"(撑板所接触的两个面),注意顶点的位置,一般使用默认位置,不用改动(见图5-117)。

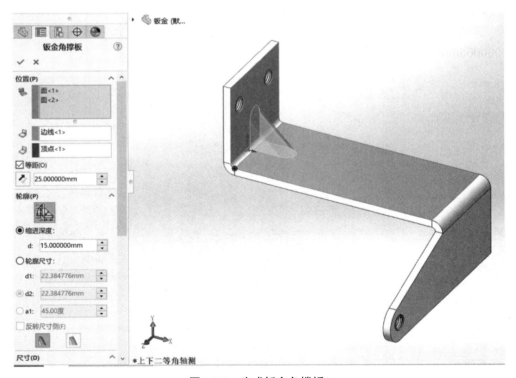

图5-117 生成钣金角撑板1

(7) 创建钣金角撑板2。再次单击"钣金角撑板"命令，选中的平面如图5-118所示，其余参数的设置与步骤(6)一致。

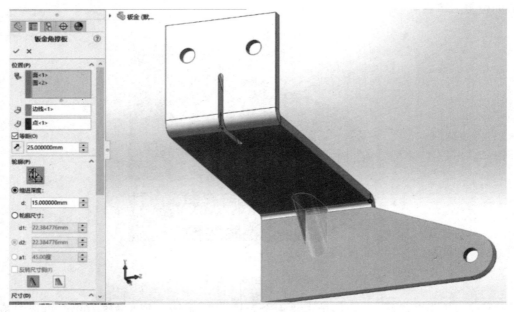

图5-118　生成钣金角撑板2

(8) 创建直槽口。单击水平面的上表面，或者"上视基准面"，再单击"特征"中的"拉伸切除"命令，绘制草图(见图5-119，注意，槽口的中心与矩形中心重合)。参数"槽宽"(半圆直径)为"20.000000mm"，"槽长"(两个半圆圆心的距离)为"30.000000mm"。结果如图5-120所示。

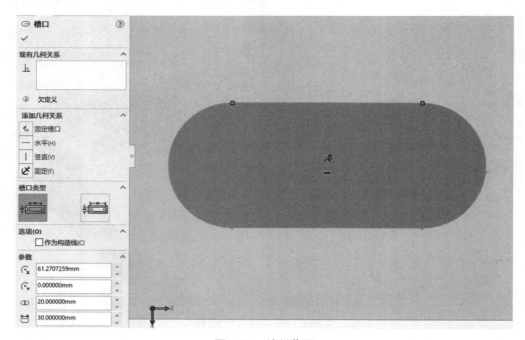

图5-119　绘制草图

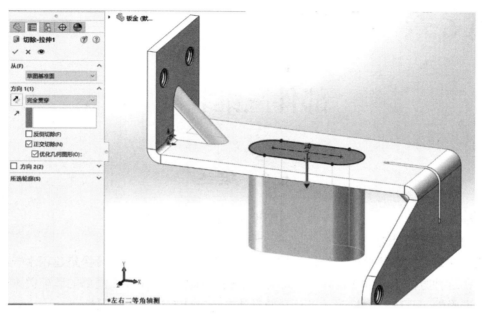

图5-120 拉伸切除U型槽

(9) 完成钣金的建模,如图5-121所示。

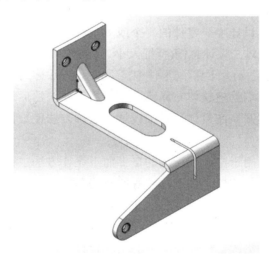

图5-121 钣金零件模型

上机练习

请扫描下方二维码,下载本章课后习题以及配套资源,完成上机练习。

第 6 章

部件三维装配

6.1 概述

三维装配设计主要包括自下而上装配设计和自上而下装配设计。

1) 自下而上设计方法

此方法只是利用简单的三维模型技术进行各零部件的设计，最后像搭建积木一样生成产品。在这种方法下，各零部件之间不存在任何参数关联，仅存在简单的装配关系。对于设计的准确性、正确性、修改，以及延伸设计，该方法有很大的局限性。

在日常设计中，自下而上的装配方法被广泛使用，此方法大家都很了解，这里不详细阐述。

2) 自上而下设计方法

在自上而下的装配体设计中，零件的一个或多个特征由装配体中的某项来定义，如布局草图或一个零件的几何体。设计意图(特征大小、装配体中零部件的放置，以及与其他零件的靠近等)来自顶层(装配体)并下移(到零件中)，因此该方法称为"自上而下设计方法"。

先在装配体树的最上端创建整体布局草图或布局零件，然后每一级装配分别参考整体布局中相对应的参数，展开系统设计和详细设计。这种方法使数据重用时互不干涉，整体的装配关系由布局来控制。

在日常设计过程中，用于整个装配体的自上而下设计方法主要运用在新产品的研发和设计中。先绘制定义零部件位置、关键尺寸等的布局草图。接着使用关联设计的方式建造3D零件，这样3D零件将遵循草图中定义的大小和位置。布局草图允许用户在建造任何3D几何体之前快速尝试数个设计版本并进行对比。即使在用户建造 3D 几何体后，草图也允许用户在中心位置进行大量的更改。然而在实际的工程设计中，通常以变形设计为主，所以一般不会仅使用自上而下的设计方法，而是将自上而下和自下而上的方法结合起来使用。

3) 自上而下和自下而上相结合

在设计过程中，自上而下和自下而上相结合的设计方法主要有以下三种应用方式。

单个特征参考借用：可通过参考自下而上的装配体中已有的零部件进行自上而下的设计，比如，参考已有零件对其他零件配打孔或者设计定位销等。在自下而上的设计中，零件在单独窗口中建造，此窗口只显示零件。然而，SOLIDWORKS也允许在装配体窗口中编辑零件。这可使所有其他零部件的几何体供参考之用(例如，复制或标注尺寸)。该方法适用于以静态为主，但与其他装配体零部件具有某些交界特征的零件。

关联装配体：完整零件也可通过在关联装配体中创建新零部件而以自上而下方法建

造。所建的零部件实际上附加(配合)到装配体中的另一现有零部件。零部件的几何体基于现有零部件建模。该方法对于托架和器具之类的零件较有用，它们大多需要依赖其他零件来定义其形状和大小。

模块装配：对于有些设计来说，需要和客户沟通来确定方案，而该方案可能是最初的草图布局方案。一旦草图布局方案确定下来，在以前的设计中已经初步形成企业标准模块，就可以快速地借用这些标准的模块进行参数修改和模块装配，尤其注意布局位置的调整，在企业做好参数化和模块化工作后，此方法将是最常用的方法。

6.2 齿轮油泵装配——自下而上

- 建模任务：完成如图6-1所示的齿轮油泵自下而上的装配。

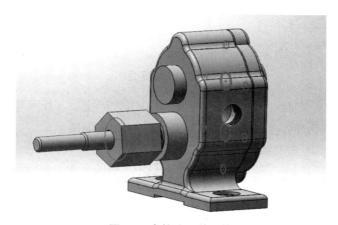

图6-1 齿轮油泵装配体

(1) 打开SOLIDWORKS软件，先单击"新建"命令，再选择"装配体"，工具引导如图6-2所示。打开软件装配界面，如图6-3所示。

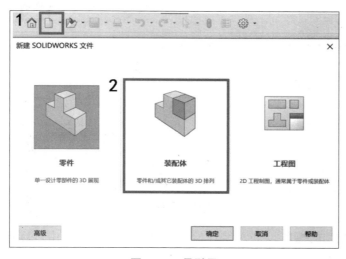

图6-2 工具引导

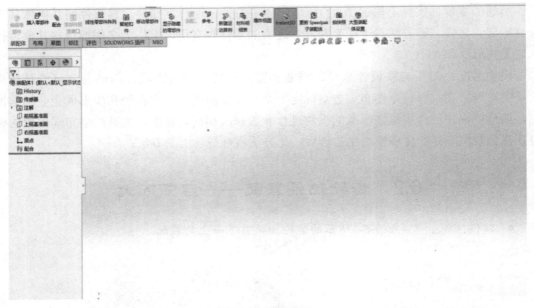

图6-3 装配界面

(2) 建立装配体后单击"插入零部件",再单击"浏览",找到零部件所在的位置,选中要插入的零部件齿轮A后再单击"打开"按钮,如图6-4所示。

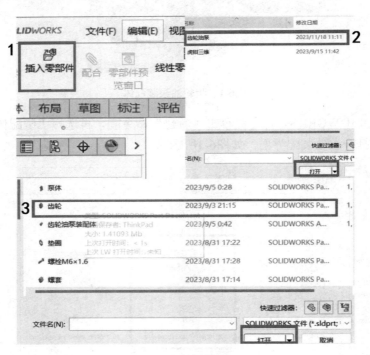

图6-4 工具引导

(3) 重复步骤(2)的操作以插入零件长轴,再利用"配合"中"标准配合"的"同轴心"命令将长轴和齿轮A装配在一起,如图6-5所示。装配后的效果如图6-6所示。

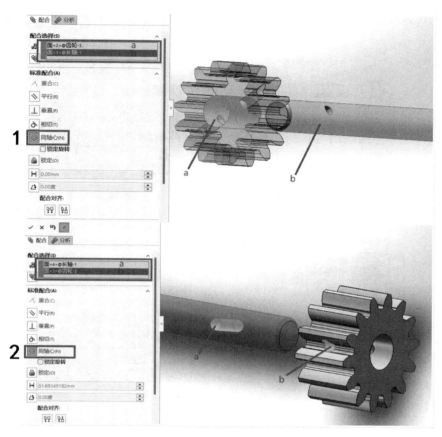

图6-5 工具引导

图6-6 装配后的效果

(4) 重复步骤(2)的操作以插入零件销,再利用"配合"中"标准配合"的"同轴心"和"距离"命令(先将销端面与齿轮上的销孔设置为同轴心,再将端面到长轴中心轴的距离设置为销长度的一半)将销与齿轮A装配起来,工具引导如图6-7所示。

(5) 重复步骤(2)的操作以插入零件齿轮B,再使用"配合"中的"距离"命令将两个齿轮的中心轴间的轴距设置为35.00mm,接着使用"重合"命令,将两个齿轮装配起来,如图6-8所示。装配后的效果如图6-9所示。

(6) 重复步骤(3)，将短轴装配至齿轮B上，装配后的效果如图6-10所示。

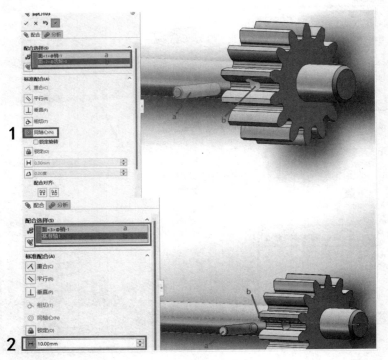

图6-7 工具引导

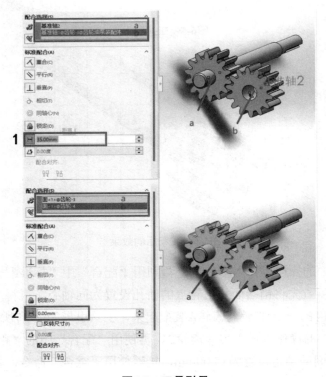

图6-8 工具引导

第 6 章 部件三维装配　109

图6-9　装配在一起的齿轮

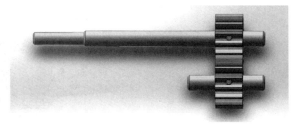

图6-10　将短轴装配至齿轮B后的效果

(7) 重复步骤(4)的操作以插入零件销,并将销装配至齿轮B上。

(8) 重复步骤(2)的操作以插入零件泵体,并利用"配合"中的"同轴心"与"重合"命令将泵体与齿轮装配起来,如图6-11所示。装配后的效果如图6-12所示。

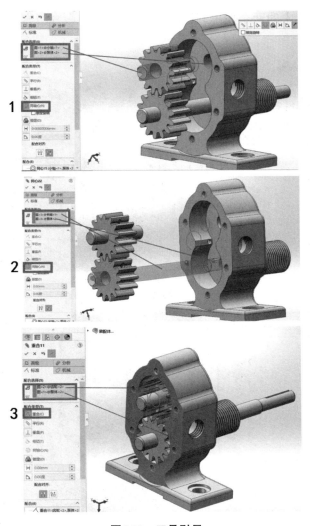

图6-11　工具引导

图6-12　泵体与齿轮装配在一起后的效果

(9) 重复步骤(2)的操作以插入零件密封圈，再利用"配合"中"标准配合"的"同轴心"(只需要对六个孔中的两个使用同轴配合)、"重合"命令将密封圈装配至泵体上，如图6-13所示。

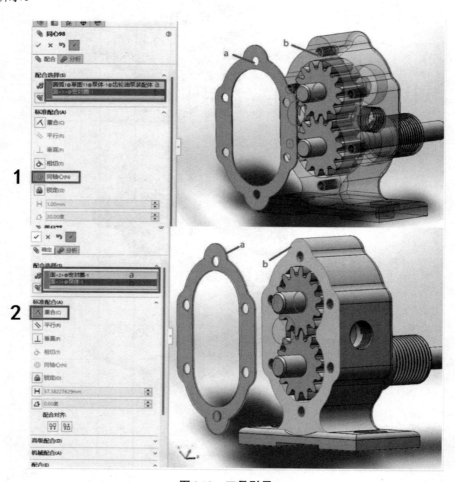

图6-13　工具引导

(10) 重复步骤(9)的操作以将泵盖装配至泵体上，装配后的效果如图6-14所示。

图6-14 将泵盖装配至泵体后的效果

(11) 重复步骤(2)的操作以插入垫圈，再利用"配合"中"标准配合"的"同轴心"和"重合"(依次在六个螺纹孔处安装垫圈)命令将垫圈装在泵盖上，如图6-15所示。

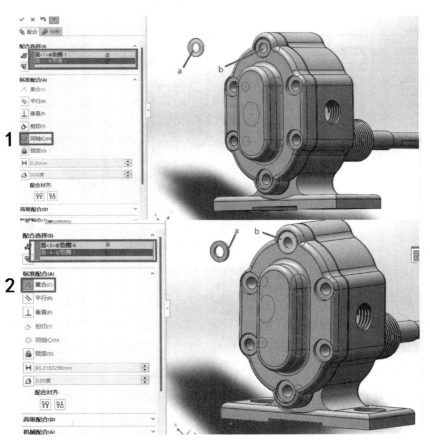

图6-15 工具引导

(12) 重复步骤(2)的操作以插入螺栓,再利用"配合"中"标准配合"的"同轴心"与"重合"(依次在六个螺纹孔处安装螺栓)命令将螺栓安装在螺纹孔上,如图6-16所示。

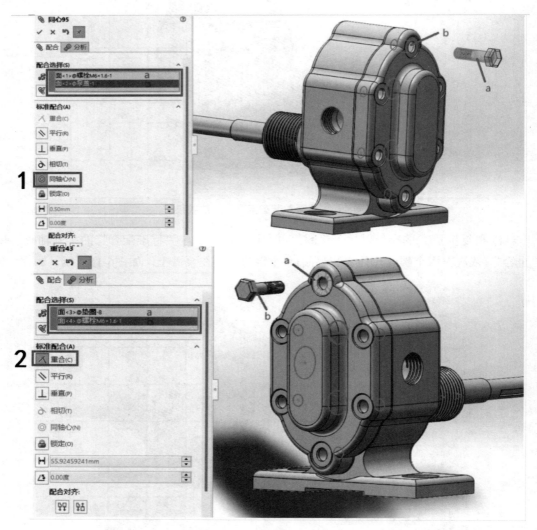

图6-16 工具引导

(13) 重复步骤(2)的操作以插入填料,再利用"配合"中"标准配合"的"同轴心"与"重合"命令将填料装到泵体上,如图6-17所示。

(14) 重复步骤(2)的操作以插入填料压环,再利用"配合"中"标准配合"的"同轴心"与"重合"命令将填料压环装到泵体上,如图6-18所示。

(15) 重复步骤(2)的操作以插入螺套,再利用"配合"中"标准配合"的"同轴心"与"重合"命令将螺套装到泵体上,如图6-19所示。最终得到的齿轮油泵装配体如图6-20所示。

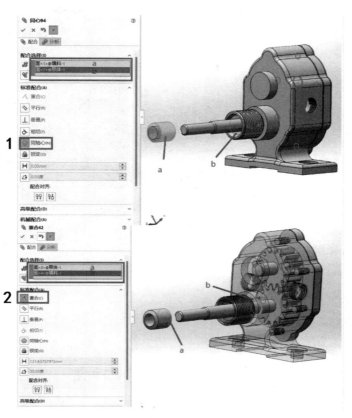

图6-17 工具引导

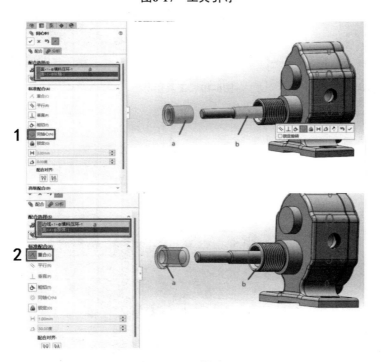

图6-18 工具引导

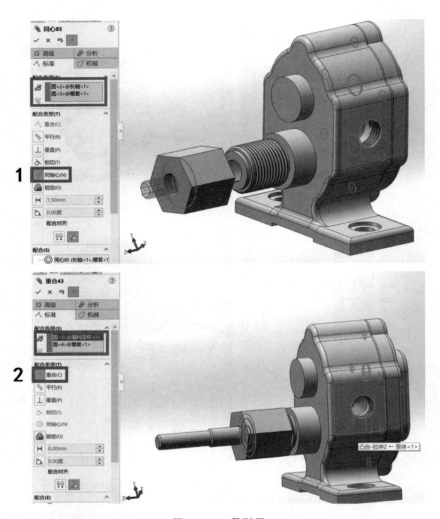

图6-19 工具引导

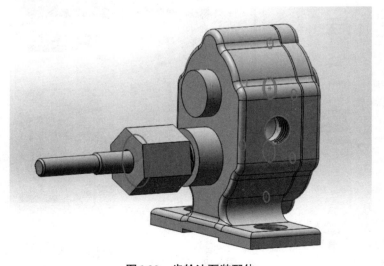

图6-20 齿轮油泵装配体

6.3 虎钳装配——自上而下

- 建模任务：完成如图6-21所示的台虎钳自上而下的装配。

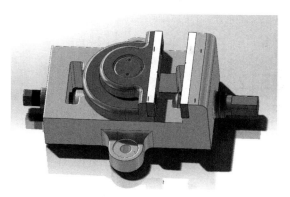

图6-21 台虎钳装配体

（1）打开SOLIDWORKS软件，先单击"文件"，选中"新建"命令，再选择"装配体"，最后单击"确定"按钮，工具引导如图6-22所示。

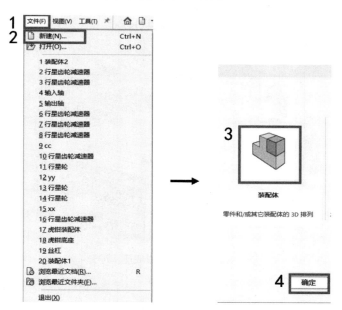

图6-22 工具引导

（2）建立装配体后单击"插入零部件"，然后单击"浏览"，找到零部件所在的位置，选中要插入的零部件"虎钳底座"后再单击"打开"按钮，工具引导如图6-23所示。虎钳底座如图6-24所示。

（3）先单击"插入零部件"|"新零件"，建立子装配体钳口板，（固定）[钳口板^装配体2]，让零件浮动(先右击，再选择"浮动"命令)，再用配合关系对钳口板的前、上、右三个基准面进行重新装配，装配完成之后对子装配体进行编辑，并选取右视基准面进行草图绘制，再

单击"转换实体引用"命令，然后进行拉伸(拉伸到面)、打孔，如图6-25所示。工具引导如图6-26和图6-27所示。

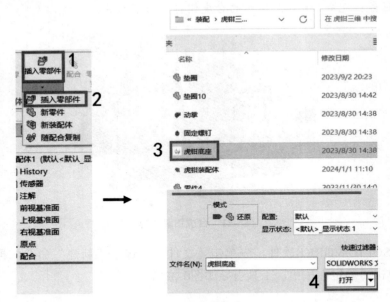

图6-23　工具引导

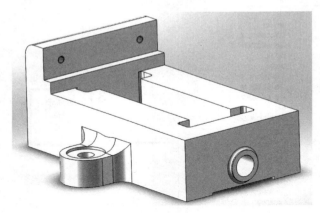

图6-24　虎钳底座

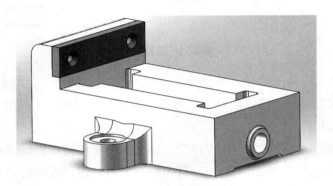

图6-25　自上而下钳口板装配

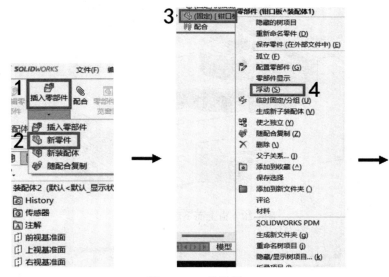

图6-26 工具引导1

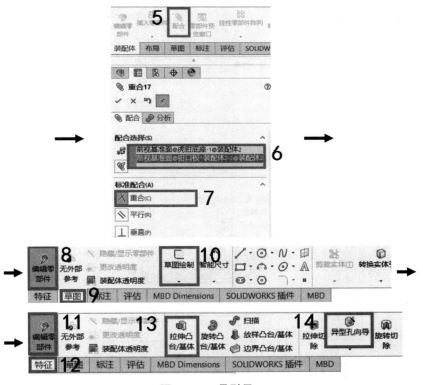

图6-27 工具引导2

(4) 先单击"插入零部件"|"新零件",建立子装配体动掌 ![动掌^装配体1]<1>-> ,使零件浮动(先右击,再选择"浮动"命令),再用配合关系对动掌的前、上、右三个基准面进行重新装配,装配完成之后根据动掌装配位置选取相应的草图平面,并对子装配体动掌进行建模,如图6-28所示。工具引导如图6-29所示。

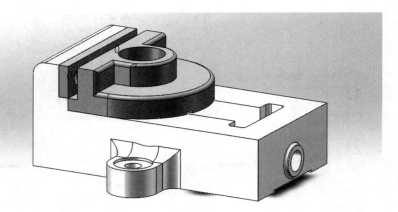

图6-28 自上而下动掌板装配

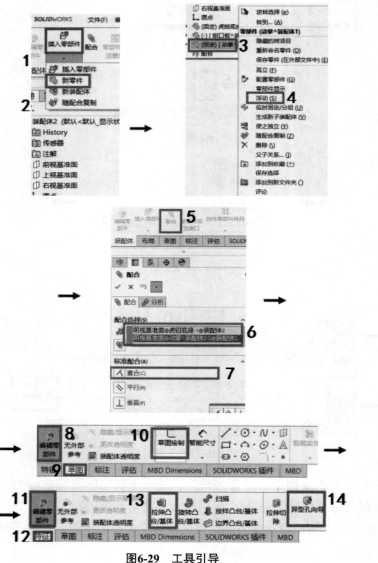

图6-29 工具引导

(5) 复制一个钳口板，然后利用"配合"中的"重合"命令将第二块钳口板装配至动掌上，如图6-30所示。

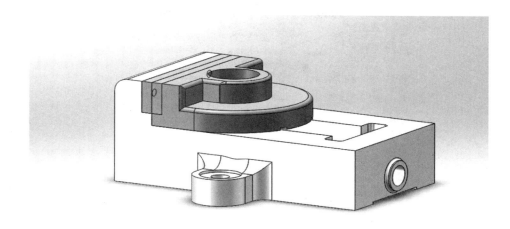

图6-30 自上而下钳口板装配

(6) 先单击"插入零部件"|"新零件"，建立子装配体丝杠 [丝杠^装配体2]<1>(默认<<默认>_显示状)，让零件浮动(先右击，再选择"浮动"命令)，再用配合关系对动掌的前、上、右三个基准面进行重新装配，装配完成之后根据丝杠装配位置选取相应的草图平面，并对子装配体丝杠进行建模，如图6-31所示。工具引导如图6-32所示。

(7) 剩余零件和上述零件的装配过程类似。先插入子零件并让其浮动，然后利用配合关系对上、前、右三视图与虎钳底座进行装配，再分析其建模过程并选取合适的平面作为基准平面来进行绘图和建模。

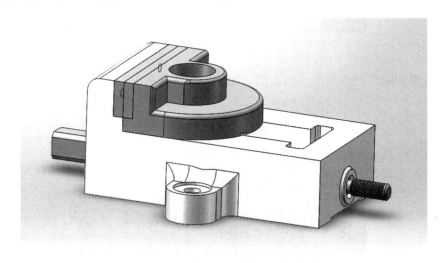

图6-31 自上而下丝杠装配

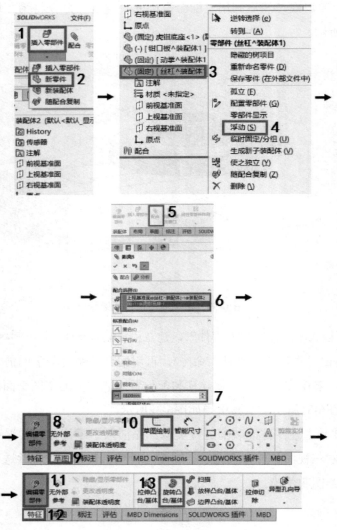

图6-32 工具引导

(8) 最后得到的装配体与自下而上的装配体一致,如图6-33所示。

图6-33 虎钳装配体

6.4 虎钳装配——生成爆炸图

- 建模任务：完成如图6-34所示的虎钳爆炸图。

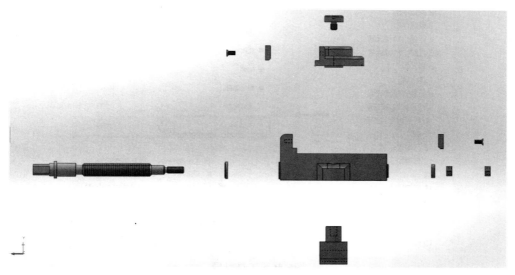

图6-34 虎钳爆炸图

(1) 打开SOLIDWORKS软件，先单击"文件"，选中"打开"命令，再选择"虎钳装配体"，如图6-35所示。工具引导如图6-36所示。

(2) 单击"爆炸视图"命令以进行爆炸图的编辑，再单击动掌以及与动掌装配的钳口板、螺钉、固定螺钉，使其沿y轴方向移动，移动到一定位置后单击"完成"按钮，工具引导如图6-37所示。爆炸效果如图6-38所示。

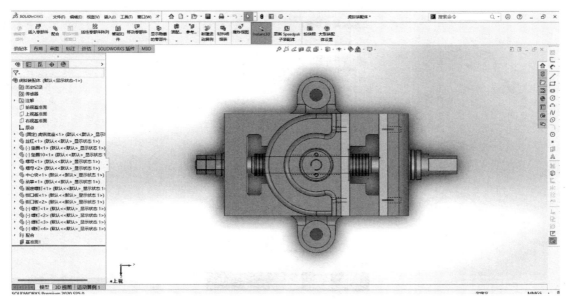

图6-35 打开虎钳装配体

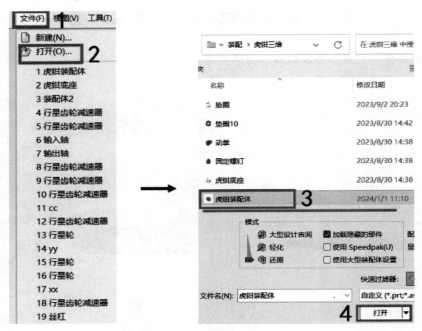

图6-36 工具引导

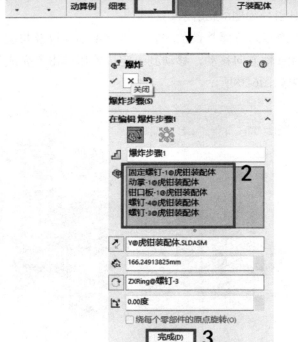

图6-37 工具引导

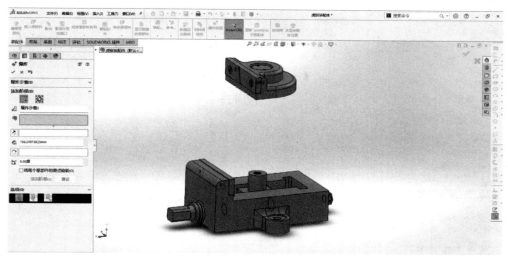

图6-38 爆炸效果

(3) 选中两个螺钉,使其沿x轴方向移动到一定的位置,再单击"完成"按钮,如图6-39所示。爆炸效果如图6-40所示。

(4) 重复步骤(3)的操作以将钳口板沿x轴方向移动一定的距离。得到的爆炸图如图6-41所示。

(5) 重复步骤(3)的操作以将固定螺钉沿z轴方向移动一定的距离。得到的爆炸图如图6-42所示。

(6) 重复步骤(3)的操作以将两个螺母依次沿x轴负方向移动一定的距离。得到的爆炸图如图6-43所示。

(7) 重复步骤(3)的操作以将垫圈沿x轴负方向移动一定的距离。得到的爆炸图如图6-44所示。

(8) 重复步骤(3)的操作以将丝杠和垫圈依次沿x轴方向移动一定的距离。得到的爆炸图如图6-45所示。

图6-39 工具引导

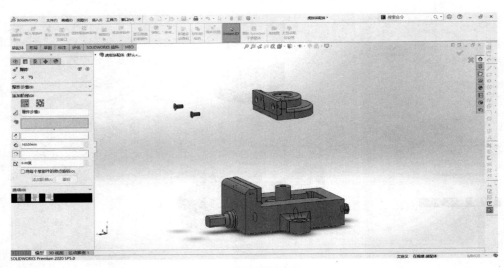

图6-40　爆炸效果

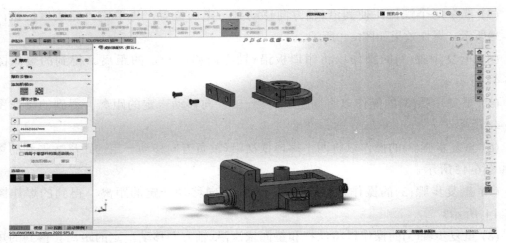

图6-41　移动钳口板

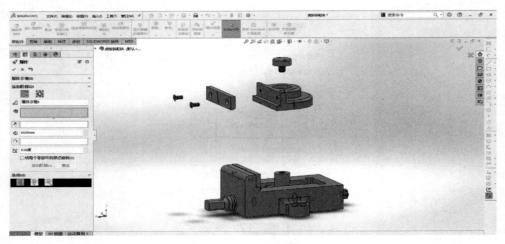

图6-42　移动固定螺钉

第 6 章 部件三维装配 125

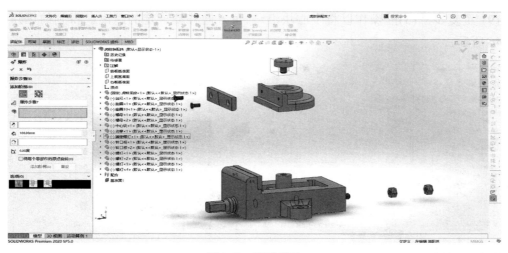

图6-43 移动螺母

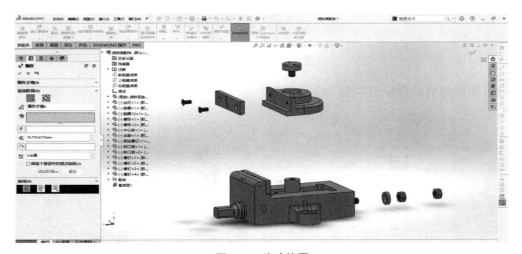

图6-44 移动垫圈

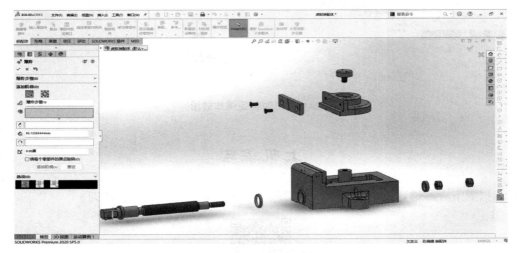

图6-45 移动丝杠和垫圈

(9) 重复步骤(3)的操作以将中心块沿z轴负方向移动一定的距离。得到的爆炸图如图6-46 所示。

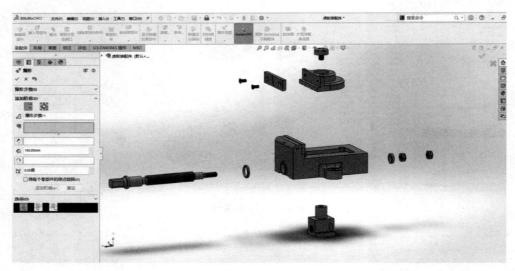

图6-46　移动中心块

(10) 最终得到的爆炸图如图6-47 所示。

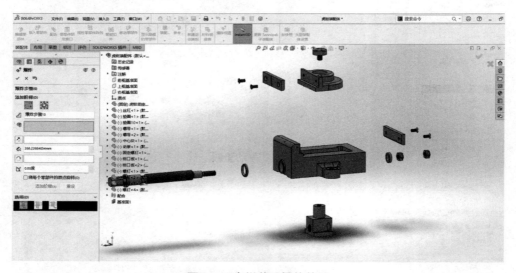

图6-47　虎钳装配爆炸效果

上机练习

请扫描下方二维码，下载本章课后习题以及配套资源，完成上机练习。

第7章

运动仿真

7.1 四杆机构运动仿真

- 建模任务：完成机构的装配与运动的仿真。可将已经建立好的三维模型导入三维装配图中进行装配，并对装配好的四杆机构进行动画仿真制作，以完成四杆机构运动的动画。

(1) 在完成零件的导入后，应进行机构仿真配合。首先选择"配合"，然后选择配合模式"标准配合"，接着在展开的命令中选择"同轴心"。此机构需要的配合方式要求在弹出的属性栏中选择对应机构中的"曲柄"和"机架"。最后单击确认图标✓。配合成功后，曲柄可以绕机架孔位旋转，如图7-1所示。图7-2为"配合"工具引导。

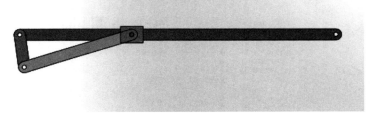

图7-1 四杆机构配合效果

图7-2 "配合"工具引导

(2) 在"SOLIDWORKS 插件"中选择"SOLIDWORKS Motion"，接着单击"运动算例2"，并在上方选择"Motion 分析"，如图7-3所示。

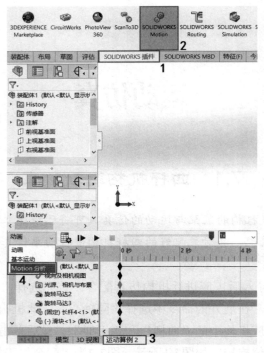

图7-3 "仿真"工具引导

(3) 添加旋转马达 以使曲柄转动，如图7-4所示。

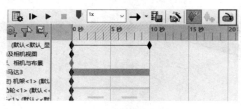

图7-4 工具引导

将马达直接设置在曲柄侧面，如图7-5所示。然后单击 图标以确定曲柄的旋转方向，最后单击确认图标 ，参见图7-6。

图7-5 马达旋转方向效果图

图7-6 马达工具引导

(4) 单击 图标以计算运动算例，同时等待仿真过程结束。运动算例默认动画时长为5秒，可以改变播放速度(如)来调节机构运动的快慢，如图7-7和图7-8所示。

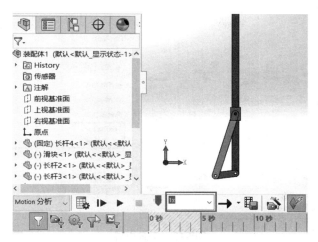

图7-7 播放速度调节示意图

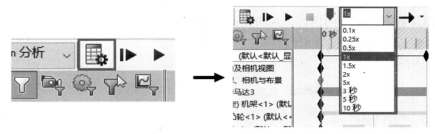

图7-8 工具引导

7.2 凸轮机构运动仿真

- 建模任务：完成凸轮机构的装配与运动的仿真。可将已经建立好的三维模型导入三维装配图中进行装配，并对装配好的凸轮机构进行动画仿真制作，以完成凸轮机构运动的动画。

(1) 在完成装配后，应进行运动仿真配合。首先选择"配合"，然后选择配合模式"机械配合"，此配合模式更适合机构运动仿真，接着在展开的命令中选择"凸轮"。此机构需要的配合方式要求在弹出的属性栏中选择对应机构中的"凸轮槽"和"凸轮推杆"。最后单击确认图标 ✓。配合成功后，凸轮推杆与凸轮槽会自动接触，如图7-9所示。工具引导见图7-10。

图7-9 凸轮机构配合效果

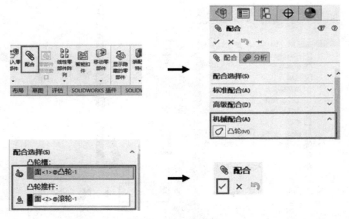

图7-10 工具引导

在首次配合时,应勾选"显示预览"复选框以查看配合情况。若出现推杆接触面与凸轮槽接触面接触方向相反的情况,应单击 图标并对配合对的方向进行调整,如图7-11所示。凸轮配合工具引导见图7-12。

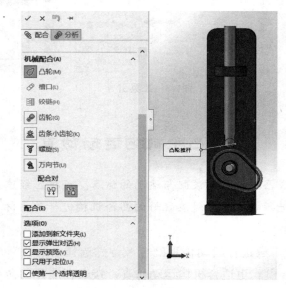

图7-11 凸轮配合示意图

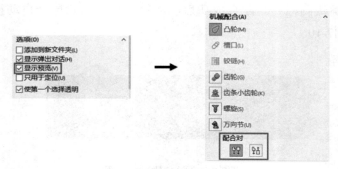

图7-12 凸轮配合工具引导

(2) 在"SOLIDWORKS 插件"中选择"SOLIDWORKS Motion",接着单击"运动算例2",并在上方选择"Motion 分析",如图7-13所示。

(3) 添加旋转马达以使曲柄转动,如图7-14所示。

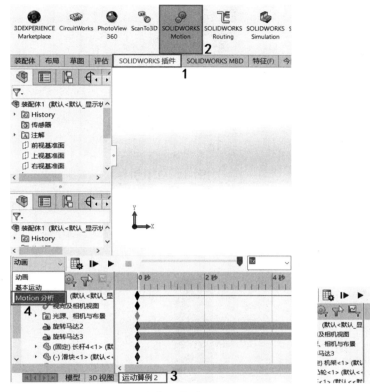

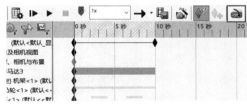

图7-13　仿真工具引导　　　　　　　　　　图7-14　工具引导

- 间接驱动。将马达设置在转轴表面上,如图7-15所示,再选择相对于转轴移动的凸轮部件,然后单击图标以确定凸轮的旋转方向,最后单击确认图标✓以完成操作。工具引导见图7-16。

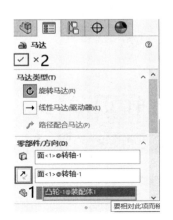

图7-15　间接驱动马达　　　　　　　　　　图7-16　工具引导

- 直接驱动。将马达直接设置在凸轮侧面,如图7-17所示,然后单击 图标以确定凸轮的旋转方向,如图7-18所示,最后单击确认图标✓以完成操作。

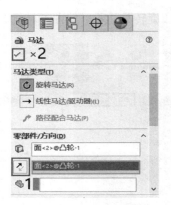

图7-17 直接驱动马达　　　　　图7-18 工具引导

(4) 单击 图标以计算运动算例,同时等待仿真过程结束。运动算例默认动画时长为5秒,可以改变播放速度(如)来调节机构运动的快慢,如图7-19所示。工具引导见图7-20。

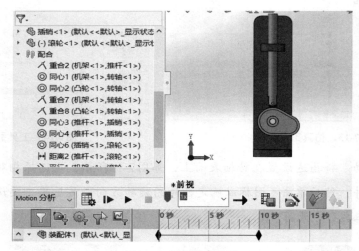

图7-19 动画速度调节

图7-20 工具引导

7.3 蜗轮蜗杆机构运动仿真

- 建模任务：完成机构的装配与运动的仿真。可将已经建立好的三维模型导入三维装配图中进行装配，并对装配好的蜗轮蜗杆机构进行动画仿真制作，以完成蜗轮蜗杆机构运动的动画。

(1) 对蜗轮蜗杆机构进行装配。装配好机架和链轮后，在装配体的"前视基准面"画草图。草图内容为构造线，用于确定蜗轮和蜗杆的位置。在草图中画出两条互相垂直的线段，垂直线段的长度为蜗轮和蜗杆的中心距，如图7-21所示。

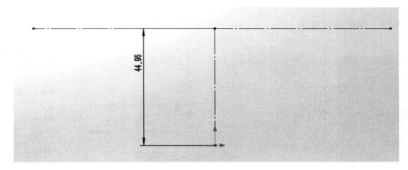

图7-21 蜗轮蜗杆定位

接着对蜗轮蜗杆进行装配(见图7-22)。单击"配合"命令，选择"同轴心"，接着选中草图中的水平线和蜗杆外圆面，如图7-23所示，接着单击确认图标。对蜗轮进行同样的操作，让蜗轮圆心与垂直线段的端点重合。

图7-22 蜗轮蜗杆装配　　　　　　图7-23 工具引导

(2) 用鼠标调整蜗杆与蜗轮的水平位置，保证蜗杆的齿不与蜗轮的齿互相干涉。接着单击"配合"命令，选择"标准配合"中的图标，并选中蜗杆端面和水平线段的端点，同时使点到面的距离保持不变，如图7-24和图7-25所示。

接下来单击"配合"命令，选择"机械配合"，再选中"齿轮"，接着选中蜗杆齿表面和蜗轮齿表面，然后填入蜗轮蜗杆的传动比，如图7-26和图7-27所示，接着单击确认图标。

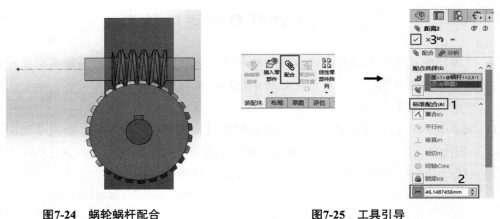

图7-24 蜗轮蜗杆配合　　　　　图7-25 工具引导

图7-26 蜗轮蜗杆齿轮配合　　　图7-27 工具引导

(3) 在"SOLIDWORKS 插件"中选择"SOLIDWORKS Motion",接着单击"运动算例2",并在上方选择"Motion 分析",如图7-28所示。

(4) 添加旋转马达，如图7-29所示，使主从动轮旋转，然后单击 √ 图标以完成操作。工具引导参见图7-30。

(5) 单击 图标以计算运动算例，同时等待仿真过程结束。运动算例默认动画时长为5秒，可以改变播放速度(如)来调节机构运动的快慢，如图7-31和图7-32所示。

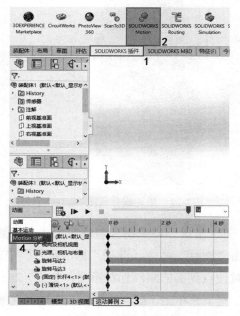

图7-28 仿真工具引导

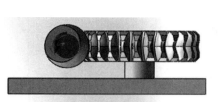

图7-29 添加马达

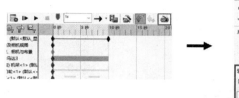

图7-30 工具引导

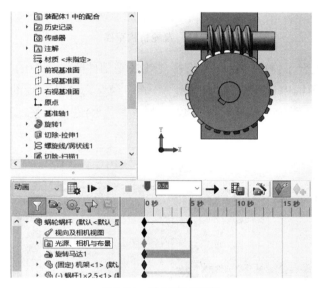

图7-31 动画速度调节

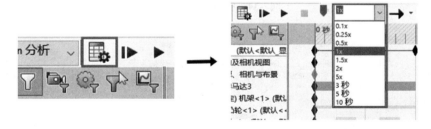

图7-32 工具引导

7.4 链轮机构运动仿真

- 建模任务：完成机构的装配与运动的仿真。可将已经建立好的三维模型导入三维装配图中进行装配，并对装配好的链轮机构进行动画仿真制作，以完成链轮机构运动的动画。

(1) 对链轮机构进行装配。装配好机架和链轮后，在装配体的"前视基准面"上画草图，画出主动链轮和从动链轮的分度圆，接着用两条相切的线段连接分度圆以构成一条闭合的曲线，该曲线即链条的路径，如图7-33所示。

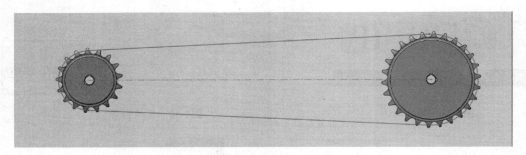

图7-33 链轮机构草图

图7-34为链组配合示意图。接下来选择"线性零部件阵列"中的"链零部件阵列"命令。在弹出来的选项框中选择拼接方式，"链路径"为链条路径的闭合曲线，链组1和链组2的选择如图7-35所示，然后对链节数量(如 41)进行调整，直到它符合要求，成功后单击确认图标。

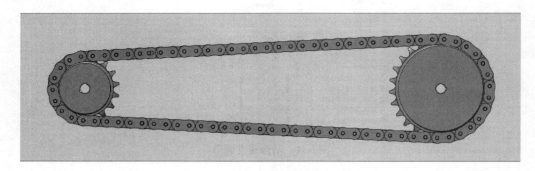

图7-34 链组配合示意图

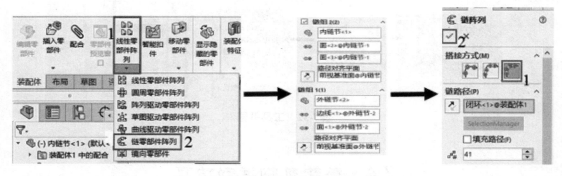

图7-35 链组装配工具引导

(2) 生成链条后，对链轮进行装配(见图7-36)。首先选择"配合"命令，然后选择配合模式"机械配合"，在展开的命令中选择此机构需要的配合方式"齿条小齿轮"，如图7-37所示。

接下来在弹出的"配合选择"属性栏中选择机构中的小齿轮和齿条。选择成功后单击确认图标✓，链轮与链条将做相对运动。同理，对从动链轮与链条做相同的操作。

图7-36　链轮配合预览图

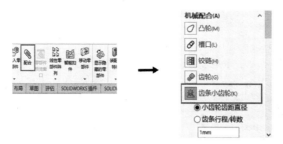

图7-37　工具引导

完成配合操作后，拖动链条以查看链轮与链条转动方向是否正常。若方向不同，则单击"反转"。图7-38展示了链轮配合结果，工具引导见图7-39。

图7-38　链轮配合结果

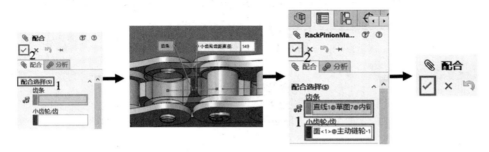

图7-39　链轮配合工具引导

(3) 在"SOLIDWORKS 插件"中选择"SOLIDWORKS Motion"，接着单击"运动算例1"，并在上方选择"Motion 分析"，如图7-40所示。

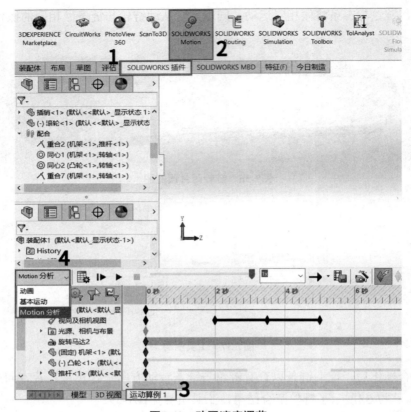

图7-40 动画速度调节

(4) 添加旋转马达，如图7-41所示。令主从动轮旋转，然后单击 ✓ 图标。工具引导见图7-42。

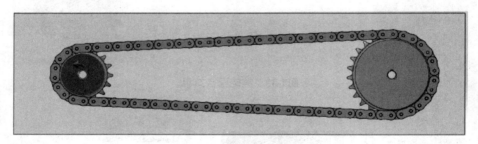

图7-41 马达位置示意图

图7-42 工具引导

(5) 单击 图标以计算运动算例,同时等待仿真过程结束。运动算例默认动画时长为5秒,可以改变播放速度(如)以调节机构运动的快慢,如图7-43和图7-44所示。

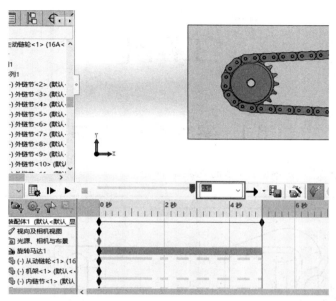

图7-43 播放速度示意图

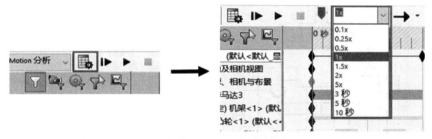

图7-44 工具引导

上机练习

请扫描下方二维码,下载本章课后习题以及配套资源,完成上机练习。

第 8 章

工程图

8.1 零件图——踏架

- 建模任务：完成如图8-1所示的踏架零件图。

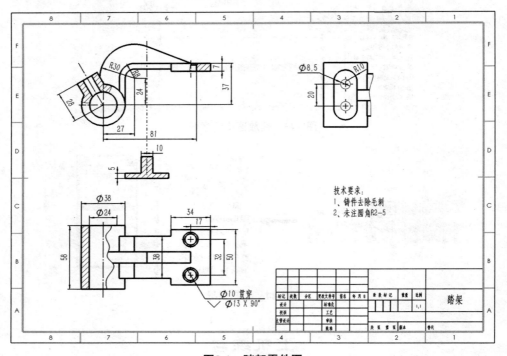

图8-1 踏架零件图

踏架零件工程图可从5.2.4节中已经建立好的三维模型导出，而且可以对其进行后续编辑。本案例及后续案例均依据第5章相应零件和装配体模型进行绘制，以便读者理解工程图的绘制逻辑。

(1) 打开SOLIDWORKS软件，在软件界面最上方的"文件"命令栏中选择"从零件制作工程图"命令，进入零件的工程图界面，然后根据零件大小选择所需的图纸大小，本案例中的脚踏板选用国标A3图纸。如果需要调用图纸模板，可选择"浏览"命令，找到所需图纸所在的文件地址，然后单击"确定"按钮，即可导入图纸。参见图8-2和图8-3。

在"工程图"命令栏选择"模型视图"命令，双击需要创建基本视图的零件(此处为脚踏板)，然后选择正视图并按照需求将视图拖入右侧图纸框中，需要注意的是，在主视图确定后创建出的视图会根据其与主视图的位置关系自动生成正交视图。在本例中，根据视图表达需求生成主视图和俯视图即可，如图8-4和图8-5所示。

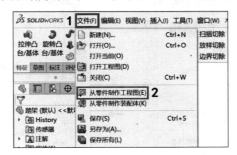

图8-2　工具引导

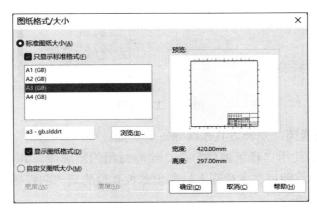

图8-3　图纸格式的设置

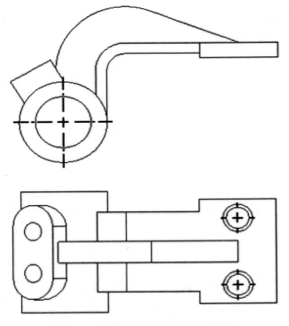

图8-4　生成踏架的主视图和俯视图

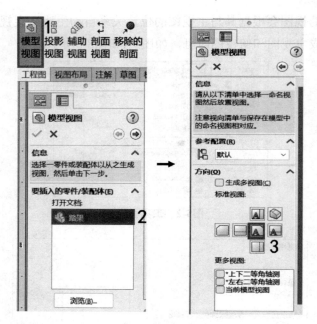

图8-5 工具引导

(2) 创建孔的剖视图,并表达其孔深等主要特征。在"工程图"命令栏选择"断开的剖视图"命令,然后使用"样条曲线"命令绘制封闭的轮廓线,并在深度参考框选择需要剖切的孔位轮廓线,即可在主视图上绘制出踏板孔位的局部剖视图,如图8-6和图8-7所示。完成效果如图8-8所示。

(3) 绘制圆柱侧面斜凸台斜视图。选择"工程图"命令栏中的"相对视图"命令,然后选择需要创建视图的零件(此处就是脚踏板)。此时,软件会自动跳转至零件三维窗口,之后选择需要创建的视图的两个基准面,其中,第一方向为前视方向,第二方向为右视方

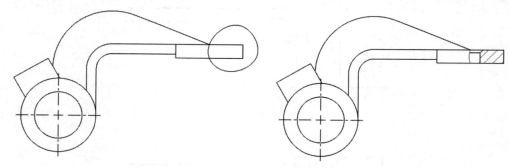

图8-6 使用"样条曲线"绘制封闭的轮廓线

图8-7 工具引导

向,可以根据需求在选项中切换主视方向,确定后即可在工程图中生成对应的向视图。

此处选择如图8-9所示的凸台端面为前视第一方向,同时选择侧面圆柱端面为下视第二方向,由此生成凸台端面斜视图,如图8-10所示。

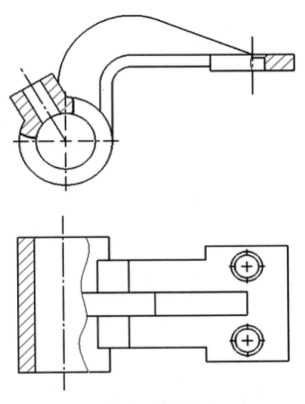

图8-8 生成局部剖视图

(4) 由于所需的凸台特征视图仅为向视图左半部分,因此可以运用"裁剪视图"命令将右半部分裁去。工具引导如图8-11所示。

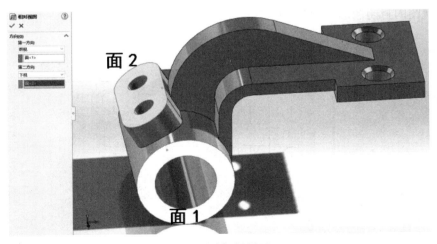

图8-9 选择投影面

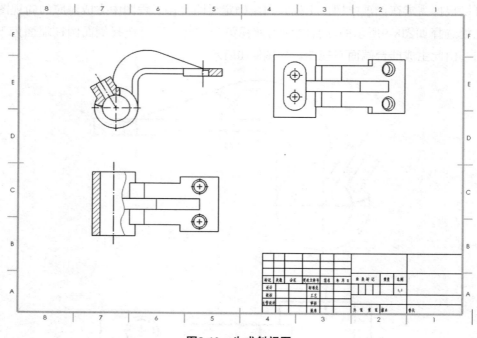

图8-10 生成斜视图

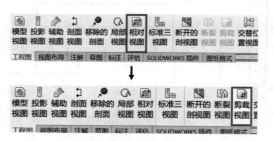

图8-11 工具引导

具体操作方法如下：使用"草图"命令栏中的"样条曲线" 命令，绘制一个包围所需部分视图的封闭图形，如图8-12所示。

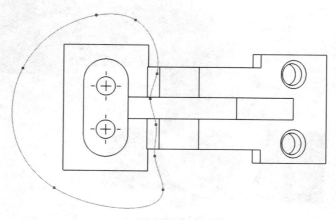

图8-12 绘制封闭线框

在"工程图"命令栏选择"剪裁视图"命令,即可将框选出的部分保留下来,同时裁去不需要的右边部分视图,如图8-13所示。

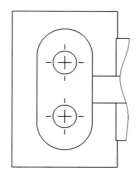

图8-13　生成斜视图

(5) 踏板存在筋结构,因此需要选择"工程图"命令栏中的"移除的剖面"命令以显示其筋特征。

具体操作方法如下:在"工程图"命令栏中选择"移除的剖面"命令,将图8-14中的两个边界选为筋的两条边线,然后单击确认图标(勾号),即可剖切出特征视图(即断面图),见图8-15。

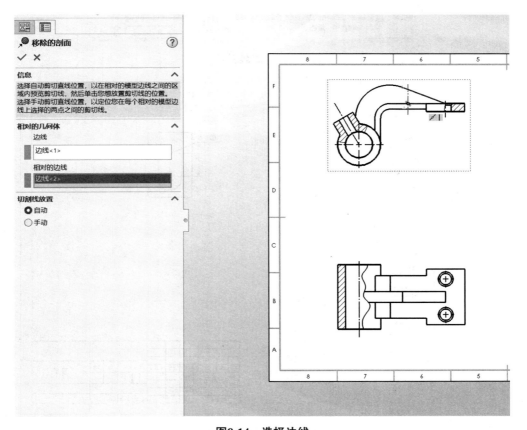

图8-14　选择边线

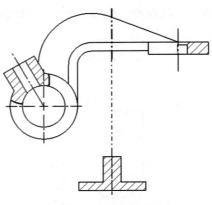

图8-15 生成断面图

(6) 在三维模型尺寸完整的情况下，可以使用自带插件导入零件尺寸。选择"注解"命令栏中的"模型项目"命令，在"来源/目标"中选择整个模型，再单击确认图标(勾号)，即可生成尺寸。但是，自动生成的尺寸一般较为杂乱，且部分标注不符合规范，此时需要手动进行调整，删去不需要或不正确的尺寸，使用"智能尺寸"命令按照规范标注出对应尺寸，并使用"孔标注"命令生成孔标注，如图8-16和图8-17所示。

图8-16 工具引导

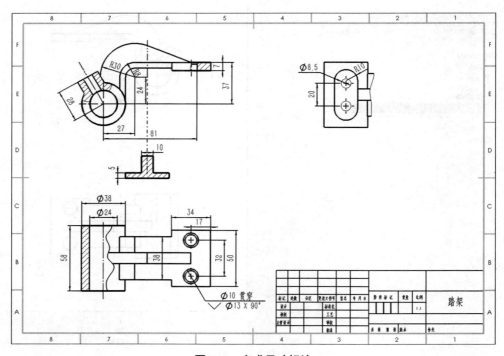

图8-17 完成尺寸标注

(7) 标注其他工艺参数：如果需要在工程图中标注表面粗糙度，可使用"表面粗糙度符号"命令，选择需要标注的符号样式并输入对应参数，此处以表面粗糙度Ra 6.3为例，如图8-18所示。

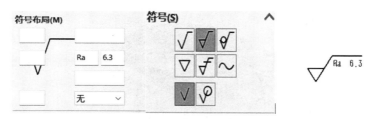

图8-18 表面粗糙度标注

选用形位公差标注方法时，可使用"形位公差"命令和"基准特征"命令进行标注。"技术要求"应按照工艺规程，标注于图纸右下角。工具引导如图8-19所示。

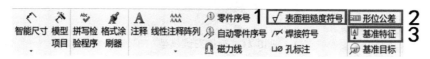

图8-19 工具引导

(8) 生成踏架零件图，如图8-20所示。

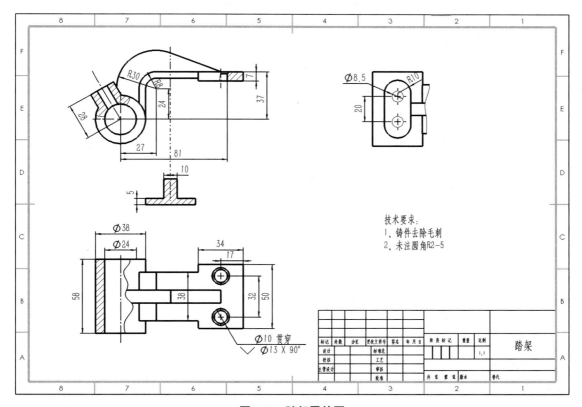

图8-20 踏架零件图

8.2 零件图——箱体

- 建模任务：利用如图8-21所示的箱体三维模型，完成如图8-22所示的箱体零件图。

图8-21 箱体三维模型

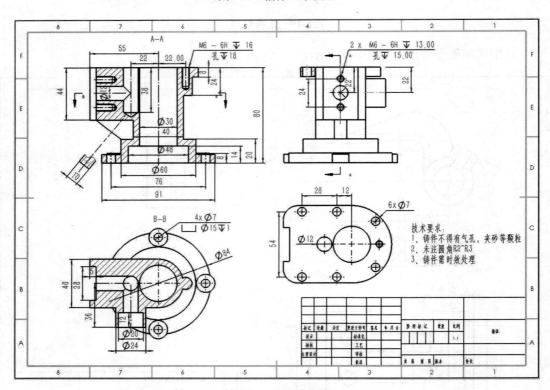

图8-22 箱体零件图

(1) 在SOLIDWORKS界面最上方的"文件"命令栏中，选择"从零件制作工程图"命令，如图8-23所示。进入零件的工程图界面，并根据零件大小选择所需的图纸大小，本案例箱体选用国标A3图纸。如果需要调用图纸模板，可使用"浏览"命令，找到所需图纸所在的文件地址，即可导入图纸。图纸格式的设置如图8-24所示。

(2) 在"工程图"命令栏选择"模型视图"命令，双击需要创建基本视图的零件，选择"箱体"和"主视图"，并将视图按照需求拖入右侧图纸框中。需要注意的是，在主视图确定后，再创建出的视图会根据其与主视图的位置关系自动生成对应视图，如图8-25所示。在此处，基本视图为左视图，如图8-26所示。

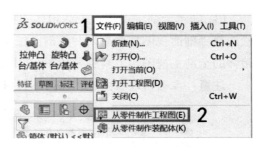

图8-23　工具引导

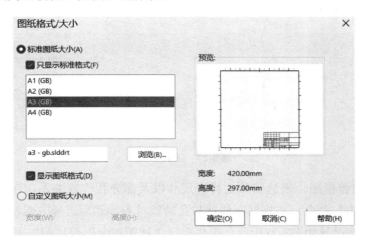

图8-24　图纸格式的设置

图8-25　工具引导

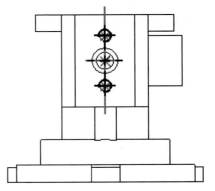

图8-26　箱体左视图

(3) 创建全剖主视图，表达箱体的特征尺寸以及部分孔位置关系。在"工程图"命令栏选择"剖面视图"命令，并将剖面位置与箱体大孔轴线对齐，然后选择方向，即可生成箱体的全剖主视图。工具引导如图8-27所示。

注意： 在剖切过程中时，根据工程图学的知识，筋特征不打剖面线。

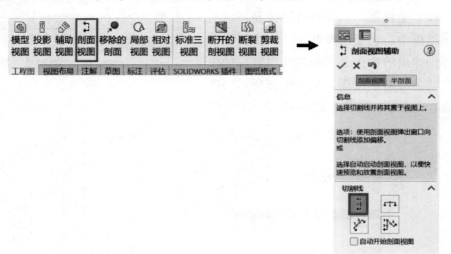

图8-27 工具引导

(4) 创建全剖俯视图，表达箱体的特征尺寸以及部分孔位置关系。在"工程图"命令栏选择"剖面视图"命令，并将剖面位置与孔轴线对齐，然后选择方向，即可生成箱体的全剖俯视图。工具引导如图8-28所示。箱体全剖主视图和全剖俯视图如图8-29所示。

(5) 补出箱体零件图中缺漏的中心线和轴线。

(6) 创建箱体顶部局部视图，表达其外形轮廓及安装孔尺寸。在"工程图"命令栏选择"相对视图"命令，打开箱体的三维模型，选择箱体顶部为第一方向，方向为前视；选择凸台侧面为第二方向，方向为左视，工具引导如图8-30所示。生成所需的视图后，将其合理摆放，并隐藏不需要的轮廓线，即可得到箱体顶部局部视图，如图8-31所示。

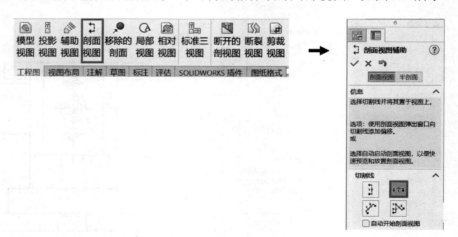

图8-28 工具引导

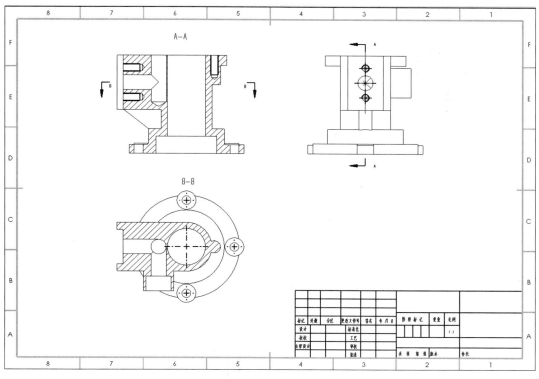

图8-29 箱体全剖主视图和全剖俯视图

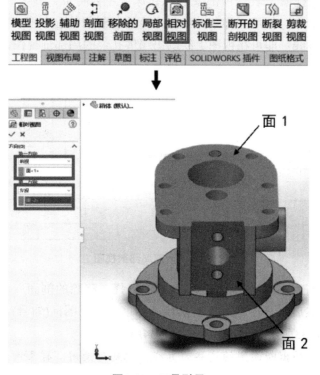

图8-30 工具引导

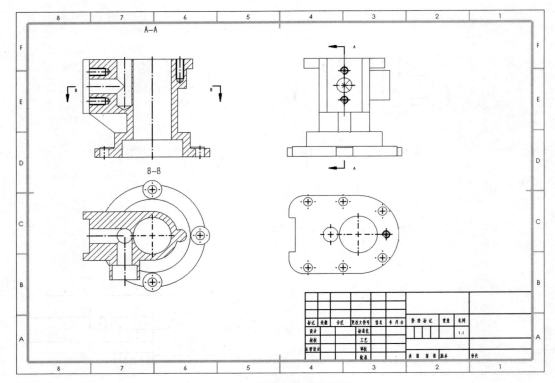

图8-31　箱体顶部局部视图

(7) 创建局部剖视图，表达顶部安装孔孔深等主要特征。在"工程图"命令栏选择"断开的剖视图"命令，使用"样条曲线"命令绘制封闭的选取框，并在深度参考框选择需要剖切的孔位轮廓线，即可在视图上绘制出箱体孔位的局部剖视图，如图8-32所示。

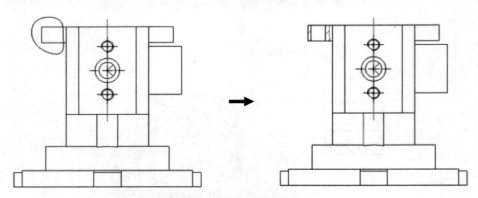

图8-32　创建局部剖视图

(8) 显示其筋特征。在"工程图"命令栏中选择"移除的剖面"命令，并将两边界选为筋的两条边线，然后选择自动放置切割线，并单击确认图标(勾号)，即可剖切出特征视图。工具引导如图8-33所示。最终效果如图8-34所示。

注意：所生成的移出断面图的边界为直线，此处可使用"样条曲线"命令手动将边界修改为波浪线。

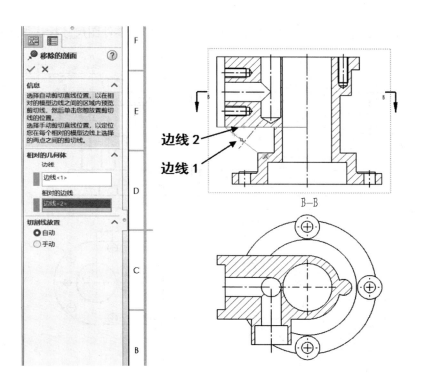

图8-33 显示筋特征

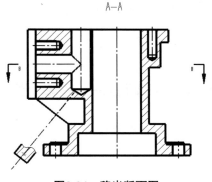

图8-34 移出断面图

(9) 标注模型尺寸。在三维模型尺寸完整的情况下,可以使用自带插件导入零件尺寸。选择"注解"命令栏中的"模型项目"命令,在"来源/目标"中选择整个模型,再单击确认图标(勾号),即可生成尺寸,但自动生成的尺寸一般较为杂乱,且部分标注不符合规范,此时需要手动进行调整,删去不需要或不正确的尺寸,并使用"智能尺寸"命令按照规范标注出对应尺寸,其中,孔标注通过"孔标注"命令识别生成。工具引导如图8-35所示。

图8-35 尺寸标注工具引导

(10) 标注其他工艺参数(见8.1节案例中的步骤(7))。箱体零件图尺寸标注如图8-36所示。

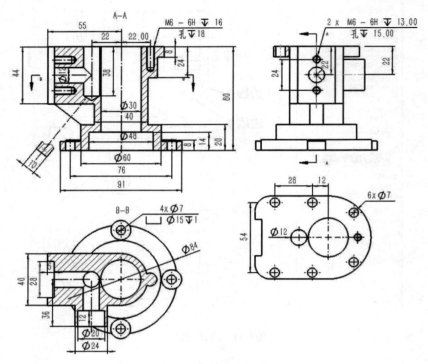

图8-36 箱体零件图尺寸标注

(11) 完成如图8-22所示的箱体零件图。

8.3 装配图——台虎钳

- 建模任务：利用如图8-37所示的台虎钳装配体三维模型，完成如图8-38所示的台虎钳装配图。

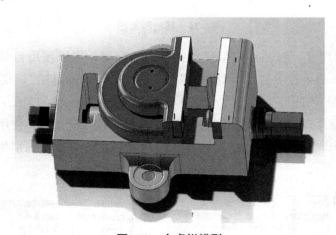

图8-37 台虎钳模型

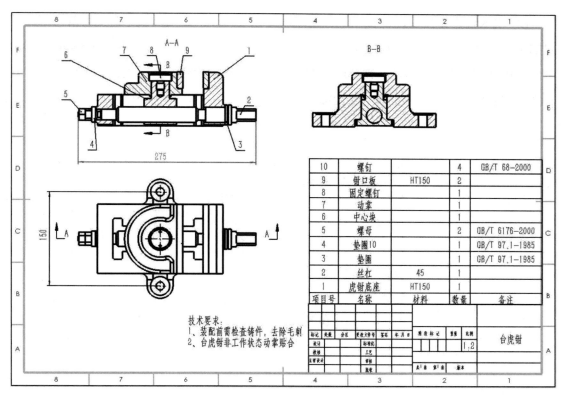

图8-38 台虎钳装配图

(1) 在SOLIDWORKS界面最上方的"文件"命令栏中,选择"从装配体制作工程图"命令,工具引导如图8-39所示。进入零件的工程图界面后,根据零件大小选择所需的图纸大小,在本案例中,台虎钳装配体选用国标A3图纸。如果需要调用图纸模板,可使用"浏览"命令,找到所需图纸所在的文件地址,即可导入图纸。参见8.2节案例中的步骤(1)。

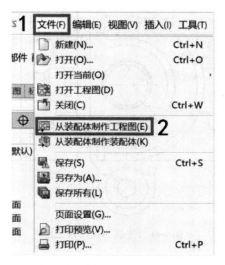

图8-39 工具引导

(2) 生成台虎钳俯视图。在"工程图"命令栏中选择"模型视图"命令,双击想要创建的基本视图,选择正视图并将视图按照需求拖入图纸框中,工具引导如图8-40所示。台虎钳俯视图如图8-41所示。需要注意的是,在主视图确定后,再创建出的视图会根据其与主视图的位置关系自动生成对应视图。

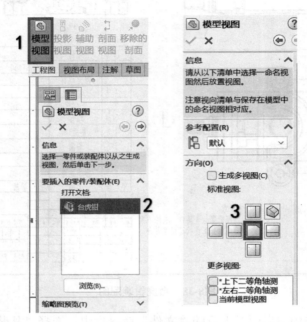

图8-40 工具引导

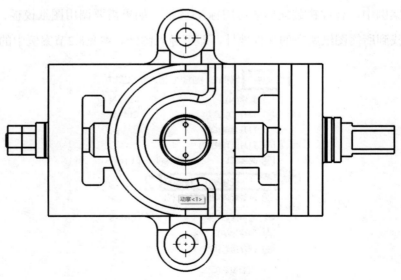

图8-41 生成台虎钳俯视图

(3) 创建台虎钳全剖主视图。在"工程图"命令栏中选择"剖面视图"命令,在俯视图上选择台虎钳夹具体固定盖的轴线位置,然后向上拉,生成台虎钳全剖主视图,如图8-42所示。

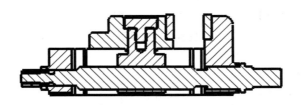

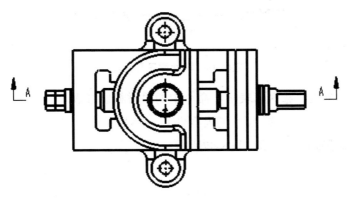

图8-42　创建台虎钳全剖主视图

(4) 创建台虎钳全剖左视图。在"工程图"命令栏中选择"剖面视图"工具，在主视图中选择台虎钳夹具体固定盖的轴线位置，垂直剖切，然后向右拉，生成台虎钳全剖左视图，如图8-43所示。

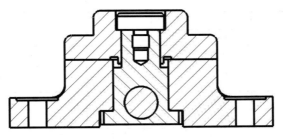

图8-43　创建台虎钳全剖左视图

(5) 标注零件序号。在全剖主视图上标注零件序号，将各零件按顺时针或逆时针顺序标注出来，并使其符合国家标准规定工程图零件序号标注规范。

在"注解"命令栏中，选择"零件序号"命令，按照顺时针的顺序标注零件序号。工具引导如图8-44所示。零件编号及标注如图8-45所示。

(6) 创建材料明细表。将装配体中的零件及其数量汇总成表并展示在图纸的右下方。

图8-44 工具引导

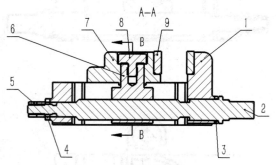

图8-45 零件编号及标注

在"注解"命令栏中选择"表格"命令中的"材料明细表",单击鼠标选中主视图,并将"材料明细表"类型设置为"仅限零件",然后单击确认图标(勾号),工具引导如图8-46所示。生成的零件明细表如图8-47所示。

图8-46 工具引导

10	螺钉		4	GB/T 68-2000
9	钳口板	HT150	2	
8	固定螺钉		1	
7	动掌		1	
6	中心块		1	
5	螺母		2	GB/T 6176-2000
4	垫圈10		1	GB/T 97.1-1985
3	垫圈		1	GB/T 97.1-1985
2	丝杠	45	1	
1	虎钳底座	HT150	1	
项目号	名称	材料	数量	备注

图8-47 台虎钳零件明细表

(7) 标注技术要求,并给出重要装配尺寸。参照8.1节案例中的尺寸标注方法标注装配图尺寸。

(8) 完成如图8-38所示的台虎钳装配图。

8.4 爆炸表达视图

- 建模任务：完成如图8-48所示的台虎钳爆炸工程图。

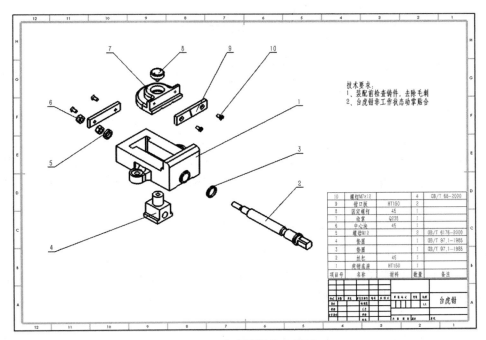

图8-48 台虎钳爆炸工程图

(1) 在装配体文件内创建台虎钳的爆炸图。选择"文件"命令栏中的"从装配体制作工程图"命令，进入工程图创建界面，如图8-49所示。工具引导如图8-50所示。

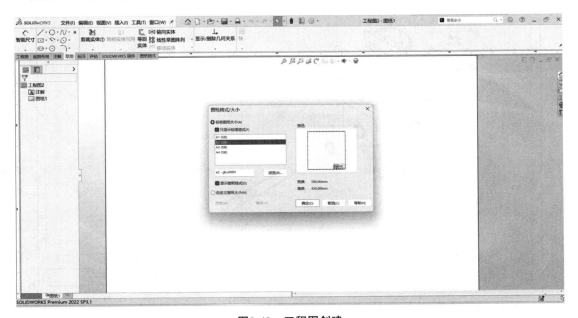

图8-49 工程图创建

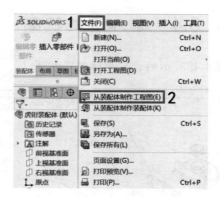

图8-50 工具引导

(2) 在图纸创建界面中选择国标A2图纸,并从右侧选择"爆炸等轴测"视图,然后在图纸中选择合适的位置来摆放零件,并确定基本比例,如图8-51所示。工具引导如图8-52所示。

(3) 标注零件序号。在"注解"命令栏中,选择"零件序号"命令,依次标注零件序号,如图8-53所示。工具引导如图8-54所示。

(4) 创建材料明细表并标注技术要求。在"注解"命令栏中选择"表格"命令中的"材料明细表",生成材料明细表,并根据要求补全明细表,如图8-55所示。工具引导如图8-56所示。

(5) 完成如图8-48所示的台虎钳爆炸工程图。

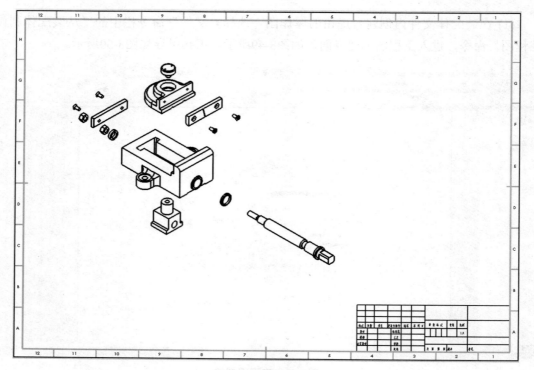

图8-51 工程图创建

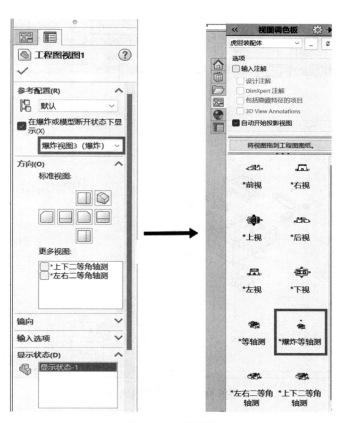

图8-52 工具引导

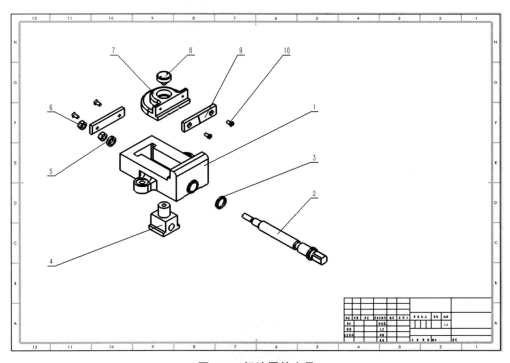

图8-53 标注零件序号

图8-54 工具引导

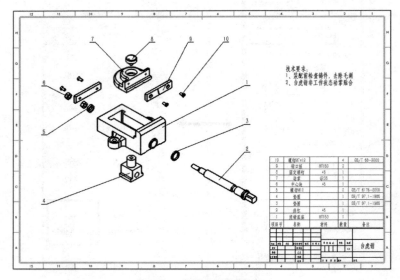

图8-55 创建材料明细表

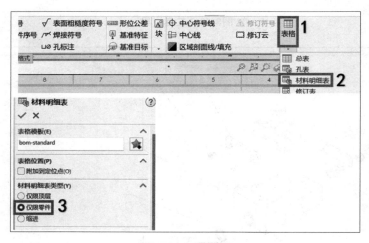

图8-56 工具引导

上机练习

请扫描下方二维码,下载本章课后习题以及配套资源,完成上机练习。

第 9 章

动画展示

9.1 爆炸动画

- 建模任务：完成装配体机构的动画制作。

(1) 进行装配体爆炸操作。在"装配体"命令栏中选择"爆炸视图"命令，如图9-1所示。

图9-1 爆炸视图工具引导

(2) 进入"爆炸"操作界面，对装配体的零件进行拆分。单击需要拆分的零件，在零件变蓝后即可进行三个方向的平移和旋转，如图9-2所示。各零件拆分完毕后，单击确认图标☑。

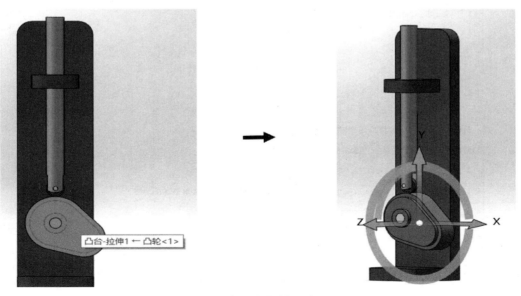

图9-2 爆炸视图操作引导

(3) 进入"运动算例"界面，如图9-3所示。

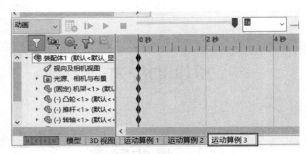

图9-3 运动算例界面

(4) 单击"动画向导"图标，如图9-4所示。

图9-4 动画向导

(5) 在"动画向导"界面选择"爆炸"命令，然后单击"下一页"按钮，如图9-5所示。

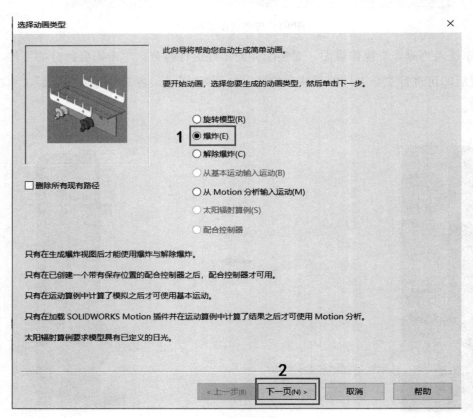

图9-5 选择动画类型

(6) 设置动画的"时间长度",与动画"开始时间",然后单击"完成"按钮,如图9-6所示。这里把动画时长设置为4秒。

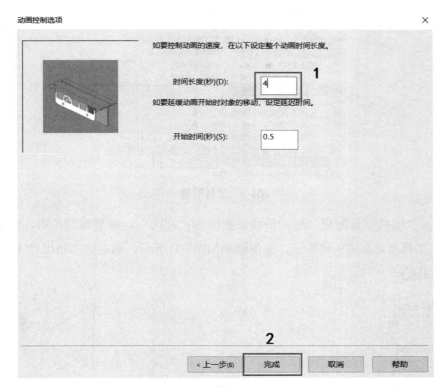

图9-6 动画控制选项设置

(7) 在完成动画设置之后,可以拖动"◆"图标以改变单个零件的动画时长,如图9-7所示。

(8) 最后,可以单击播放图标来预览动画效果,如图9-8所示。

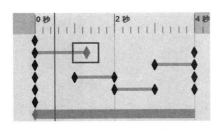

图9-7 改变单个零件的动画时长

图9-8 工具引导

9.2 切换相机视角

● 建模任务:完成动画视角的切换,实现机构效果的多角度观察。

(1) 打开运动算例1,右击"光源、相机与布景"命令,然后单击"添加相机"命令,如图9-9所示。

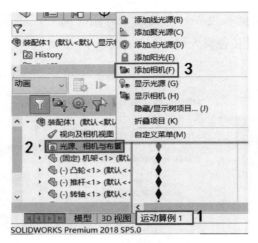

图9-9 工具引导

(2) 进入"相机"界面后,将相机状态更改为"浮动",接着拖动相机,将物体摆到画面中央。工具引导如图9-10所示,操作结果如图9-11所示。确定好"相机1"的视角后,单击确认图标☑。

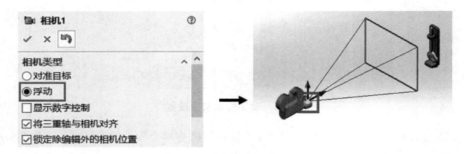

图9-10 相机参数工具引导

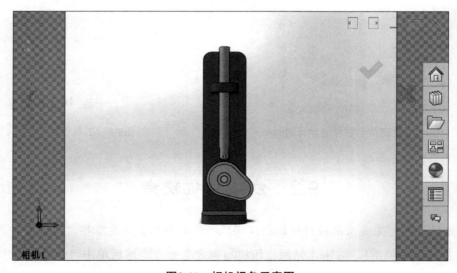

图9-11 相机视角示意图

(3) 确定"相机2"的视角。进入"相机"界面后,通过"相机旋转"命令将相机角度调整为-90度,拖动相机,使物体位于画面中央,确定好"相机2"的视角后,单击确认图标☑,工具引导如图9-12所示。最后效果如图9-13所示。

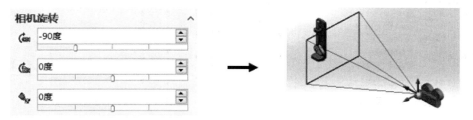

图9-12 相机角度参数工具引导

图9-13 相机视角示意图

(4) 设置好相机视角后,对参数进行设置。右击"视向及相机视图"命令,取消"禁用观阅键码生成",如图9-14所示。

(5) 本动画效果为2秒正视角度,2秒右视角度,一共4秒。首先,将时间线拖到4秒的位置,如图9-15所示。

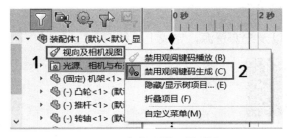

图9-14 参数设置工具引导

图9-15 动画时长示意图

然后,右击"相机2",选择"相机视图"命令,如图9-16所示。此时会出现4秒长的"相机1"动画,如图9-17所示。

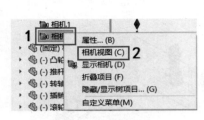

图9-16 添加相机　　　　　　　　图9-17 键码位置示意图

(6) 接着,将时间线调整至2秒的位置,如图9-18所示。再次右击"相机2",选择"相机视图"命令,如图9-19所示。

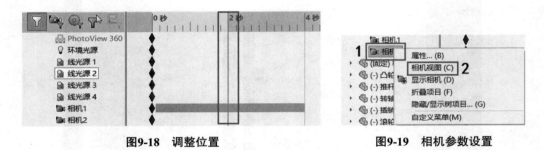

图9-18 调整位置　　　　　　　　图9-19 相机参数设置

(7) 最后的动画效果为2秒正视角度,2秒右视角度,如图9-20所示。

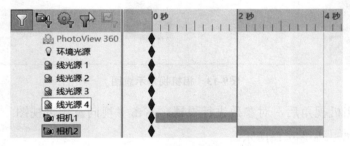

图9-20 动画时长设置示意图

上机练习

请扫描下方二维码,下载本章课后习题以及配套资源,完成上机练习。

第 10 章

3D打印

10.1 3D打印技术简介

随着科技的不断进步，3D打印技术已经逐渐成为三维模型的典型应用。该技术的应用领域越来越广：从汽车制造到医疗领域，从家居装饰到教育领域。本章将介绍3D打印技术的基本原理，并通过一些具体的应用案例来讲解3D打印操作方法。

1. 3D打印技术的基本原理

(1) 高分子材料的熔融层叠：通过将高分子材料(如塑料、金属、陶瓷等)加热至熔化点，然后使其层层叠合来形成物体的三维结构。配备机器会在计算机程序的控制下，按照设计好的模型进行操作。

(2) CAD建模：在进行3D打印之前，需要使用计算机辅助设计(CAD)软件进行建模。用户可以使用预设的模型或自己设计的模型，然后将其导入3D打印机软件中进行后续处理。

(3) 切片处理：在3D打印机软件中，需要对设计好的模型进行切片处理。切片是将三维模型切割成许多薄片，每一层的形状会被发送给3D打印机进行打印。切片的层数和层厚度可由用户根据需要进行调整。

(4) 打印：完成切片处理后，3D打印机会使打印材料层层叠合，逐层构建出物体的3D结构。打印过程中，喷头会按照预定的路径在每一层上移动，将热塑料材料喷射到正确的位置。打印材料逐层堆积，最终形成完整的物体。

2. 学习建模软件

在使用3D打印技术之前，需要学习一些建模软件，如Autodesk Fusion360、Blender、SOLIDWORKS等。通过这些软件，可以设计出3D打印所需的模型。

3. 选择合适的3D打印机和材料

市面上有很多不同类型、不同规格的3D打印机和打印材料可供选择。为了选择合适的3D打印机和材料，需要考虑打印的尺寸、材质要求以及预算等因素。可以通过咨询厂商或参考专业评测来进行选择。

4. 准备好打印文件

在打印之前，需要将设计好的3D模型文件导入打印机软件中，并进行参数设置，如设定打印材料的温度、打印速度等。可以根据实际需求进行调整。

5. 影响3D打印质量的几个因素

(1) 打印机精度。打印机本身的制造和装配精度以及工作过程中的振动都会影响其打印精度，比如 X-Y 平面误差，打印机框架结构及所用材料的刚度对其稳定性也有很大影响。

(2) 打印温度。打印温度包括喷头加热温度和热床温度。喷头加热温度主要影响材料的黏结堆积性能及丝材流动性。过低温度将使材料难以黏结到热床上或是发生层间剥离，同时易造成喷嘴堵塞；过高温度则会使材料挤出时偏于液态，而不是易于控制的丝状。喷头温度和热床温度都是在打印过程中需要实时观察和调整的重要参数。

(3) 喷嘴直径与层厚。喷嘴直径决定挤出丝的宽度，进而影响成品的精细程度。由于3D打印的材料是一层一层铺出来的，故层厚的设置同样会影响制品的精度。若选用大直径的喷嘴，且层厚设置得较厚，则打印速度比较快，此时成品比较粗糙；反之，则打印速度慢，得到的成品更加精细。打印时需要综合考虑模型、用途来合理选用喷嘴及设置层厚。

(4) 打印速度。3D打印是打印速度与挤出速度相互配合的过程，这需要合理匹配才能达到打印要求。若打印速度大于挤出速度，则材料填充不足，导致断丝；反之，则会使熔丝堆积在喷头上，导致材料分布不均。

(5) 材料性能。材料的热学性能差异会影响成型温度和成型时间，进而影响最终成型质量。

10.2 铝件的3D打印

- 案例要求：将配套资源中10.2文件夹中的铝件模型打印出来。

1) 设备及软件准备

(1) 打印机型号：UP 300。操作软件：UP Studio 3 。

(2) 接通电源，对 3D 打印机进行初始化，检查打印材料，并测试材料挤出是否正常。

(3) 在SOLIDWORKS软件中，通过"另存为"命令转换模型格式，将模型格式设置为stl格式。

2) 模型摆放设置

(1) 打开UP Studio 3软件，单击 + 图标，选择模型导入软件。再单击 图标，并在弹出的选项框中单击 图标，见图10-1，然后选中合适的拾取面放置底板，如图10-2所示。该铝件为竖直放置，单击上一图标后，将鼠标移至铝件上，单击图10-2画圈处即可选中底面。

(2) 加载模型，并分析模型放置方向对模型打印质量的影响。从铝件特征来看，水平放置方式能够保证打印成品有更好的打印精度和表面平行度。

3) 参数设置

(1) 单击 图标(见图10-3)，在弹出的选项框中选择相应的缩放比例

图10-1 工具引导

对模型进行缩放，从而使模型全部保留在底板中，结果如图10-4所示。

图10-2　设置拾取面

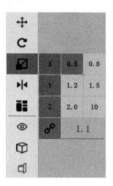

图10-3　工具引导

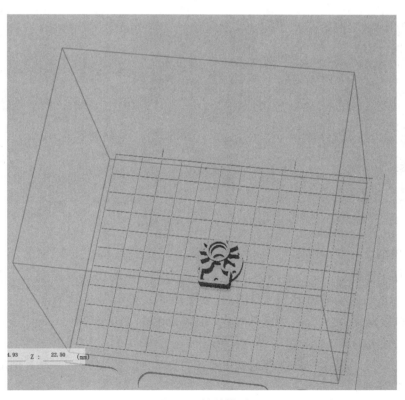

图10-4　缩放模型

(2) 单击 ■ 图标,在弹出的对话框中编辑打印参数(见图10-5),编辑好打印参数后单击"退出"按钮,打印支撑和模型,如图10-6所示。

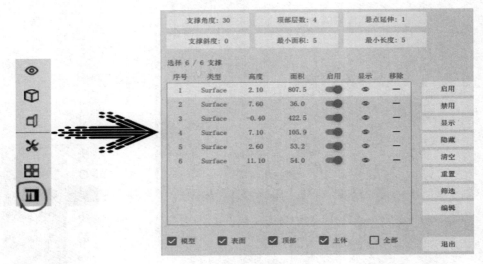

图10-5 工具引导

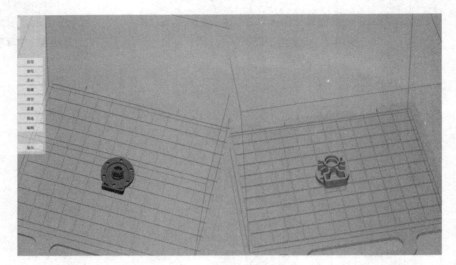

图10-6 打印支撑和模型

4) 打印模型

编辑好打印参数后,单击 ■ 图标,对模型进行切片(见图10-7)。模型分层结束后,系统自动输出tsk格式的文件(见图10-8)。单击保存图标(见图10-7画框位置),将文件保存到文件夹内,用Wand 3D Printer Manager 外接打印机的USB接口,连接后单击"Print"(见图10-9),然后单击"Print Task",选中保存的tsk文件后就可开始打印。

图10-7 工具引导

5) 模型后处理

打印好实物模型后,为了改善模型的外观、质量和功能性,可适当进行后处理,比如去除支撑材料，打磨和修整，填充和修补，表面处理，上色，等等。

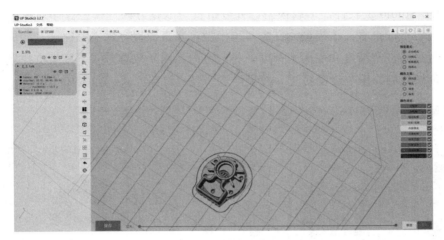

图10-8　打印设置

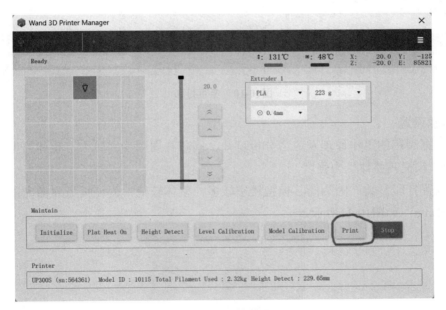

图10-9　连接界面

10.3　流向控制装置的打印及打印过程的完善

● 案例要求：将配套资源中10.3文件夹中的流向控制装置打印出来。

1) 设备及软件准备

(1) 打印机型号：UP 300。操作软件：UP Studio 3。

(2) 接通电源，对 3D 打印机进行初始化，然后检查打印材料，并测试材料挤出是否正常。

2) 模型摆放设置

打开UP Studio 3 软件，加载模型，并分析模型放置方向对模型打印质量的影响。一方面，从阀芯特征来看，该模型为左右对称模型，竖直放置方式能够保证打印成品左右对称，且有更好的打印精度和表面平行度。另一方面，水平放置方式下模型支撑较多，且球体会出现阶梯效应，影响表面质量。故最终选择竖直打印方式，如图10-10所示。

图10-10　竖直打印

3) 参数设置

(1) 根据阀芯的工作原理及应力分析可知，阀芯孔周围受力较大，整体模型较薄，为防止断裂，须提高整体受力强度。

(2) 设置打印参数：因为阀芯模型镂空较多，整体较薄，为使模型表面光滑，将质量设置为0.1mm，如图10-11所示。

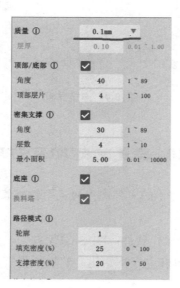

图10-11　设置打印参数

(3) 模型较薄，所以将填充轮廓数改为3，基本形成全轮廓打印，填充密度接近100%，模型整体硬度得到提高，如图10-12所示。

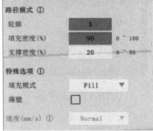

图10-12　修改轮廓参数前后效果对比

4) 打印模型

(1) 插上电源，开机，检查插板的美工胶是否完整且无气泡褶皱，若有，则须将它撕下来，再重新贴(将插板插回去时须小心，不要太快)，接着检查喷嘴上是否有PLA丝残留，若有，则用小钳剪掉。

(2) 如图10-13所示，单击"初始化"，打印机行动过后再单击"校准"(校准前查看喷嘴温度是否在60℃左右，否则会出现警示)，打印机行动过后再单击"材料"，并单击"挤出"，待喷嘴温度升到205℃左右，打印机会自动挤出上一次打印残留的耗材，且会自动停止(会"嘀"一声)，这时的耗材会掉到插板上，可以等打印机停止后清理，也可以提前用工具将它一点点拉出来。

(3) 用Wand 3D Printer Manager外接打印机的USB接口，连接后单击"Print"，然后单击"Print Task"，选中保存的tsk文件后就可开始打印。此外，若使用U盘，则可以不用Wand 3D Printer Manager，直接单击U盘内的文件即可。

(4) 打印过程。首先打印底座，然后打印支撑与实体，最后打印出完整实体，成品如图10-14所示。

图10-13 主界面

图10-14 成品模型

5) 模型后处理

(1) 准备工具，如图10-15所示。

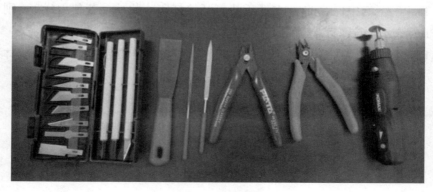

图10-15 工具

(2) 利用后处理工具去除模型支撑，并对表面进行打磨以去除毛刺，最终成品如图10-16所示。

图10-16　最终成品

上机练习

请扫描下方二维码，下载本章课后习题以及配套资源，完成上机练习。

第 11 章

轻量化设计

11.1 轻量化设计简介

党的二十大报告指出:"实施全面节约战略,推进各类资源节约集约利用。"轻量化设计是一种通过优化结构设计和材料选用来减轻产品重量的方法,可以实现节能减排、提高产品性能和降低生产成本等目的。下面介绍几种常见的轻量化设计方法。

(1) 结构优化设计:通过数值仿真等手段对结构进行优化设计,从而减少结构的材料消耗。例如,在有限元分析软件中,可以通过选择适当的材料、优化结构的几何形状和布置等方式,实现轻量化设计。

(2) 材料替代设计:通过选择比原材料更轻、强度更高的新材料来实现产品轻量化。例如,用铝合金代替钢材,可以大幅度减轻产品的重量,同时提高产品的强度和刚性。

(3) 结构拓扑优化:通过将结构划分为不同的功能区域,对各区域进行拓扑优化,从而达到轻量化的效果。例如,在汽车设计中,可以通过将车身分为车前、车中、车尾等不同的区域,对各区域进行拓扑优化设计,以实现车身轻量化。

(4) 加强材料的局部使用:在产品设计中,只需要在局部使用加强材料,就能有效地提高整个结构的强度和刚性,并减轻整体重量。例如,在飞机的机翼设计中,可以通过在翼尖处增大加强材料的厚度来提高机翼的强度和刚性,并减轻整体重量。

综上所述,轻量化设计方法需要结合实际产品的需求和工艺条件,采取适当的设计方案和措施,从而实现产品的轻量化和优化。

11.2 飞机襟翼机构的运动仿真与支架优化

- 案例说明:根据飞机实际的受载情况对飞机襟翼运动机构进行适当的简化,已知主要的载荷来自载重和空气。图 11-1 为简化后的飞机襟翼运动机构装配示意图,图 11-2 为飞机襟翼机构中需要优化的支架,已将零件的非设计空间分割出来。

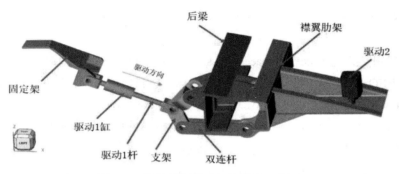

图11-1 飞机襟翼运动机构装配示意图

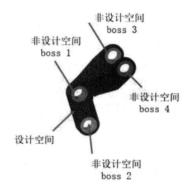

图11-2 设计空间与非设计空间

1. 零部件运动仿真与优化的基本步骤

零部件运动仿真与优化主要包括以下环节：运动分析、仿真与优化分析。具体包括以下基本步骤：

(1) 几何准备
(2) 定义材料
(3) 设置地面
(4) 设置运动副
(5) 设置动力部分
(6) 运动分析
(7) 零件仿真
(8) 零件优化

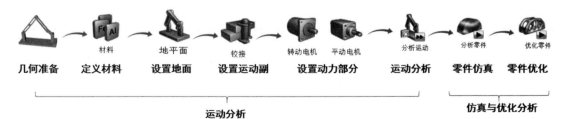

图11-3 零部件运动仿真与优化的基本步骤

2. 材料及载荷设置

(1) 材料：

① 固定架和支架(包括design space、boss1、boss2、boss3、boss4)这两个部分的材料：牌号 AL2014-AREO。该材料的牌号需要自定义添加。材料性能：弹性模量73.100E+03 MPa，泊松比 0.330，密度 2.800E-6 kg/mm^3，屈服强度 414.000E+00 MPa。

② 其他零件材料：牌号 AISI 304。材料性能：弹性模量 195.000E+03 MPa，泊松比 0.29，密度 8.000E-6 kg/mm^3，屈服强度 215.000E+00 MPa。

(2) 约束：固定架和后梁这两个零件为地平面。

(3) 重力：-Z 方向。

(4) 刚体组：将支架设计空间 design space 与非设计空间 boss1、boss2、boss3、boss4 创建为1个刚体组，命名为"刚体组1"。

(5) 零件之间的连接设置，具体如表11-1所示。

表11-1　飞机襟翼执行机构的零件连接设置

序号	零件1	零件2	连接方式	命名	备注
1	固定架	驱动1缸	激活的铰接	铰接1	
2	驱动1缸	驱动1杆	激活的圆柱铰接	铰接2	
3	驱动1杆	非设计空间boss 1	激活的铰接	铰接3	
4	双连杆	非设计空间boss 2	激活的铰接	铰接4	
5	后梁	非设计空间boss 3	激活的铰接	铰接5	
6	后梁	非设计空间boss 4	激活的铰接	铰接6	
7	双连杆	襟翼肋架	激活的铰接	铰接7	
8	后梁	襟翼肋架	激活的铰接	铰接8	需要手动添加

(6) 驱动设置：图11-1展示的是驱动设置后的示意图，共有两个驱动(驱动1和驱动2)，均为平动驱动，本案例中只需要设置驱动1。

驱动 1：如图11-1所示，由驱动1缸和驱动1杆零件组成圆柱铰接，驱动方程曲线为单波，驱动类型为位移，转动电机由初始位置向支架方向运动，转动电机参数如表11-2所示。

表11-2　转动电机参数

类型	数值
波峰间值/mm	35
开始时间/s	0
时间间隔/s	2
增量时间/s	0.05
结束时间/s	2
输出率/Hz	30

3. 操作步骤

(1) 打开飞机襟翼运动机构模型:

① 打开Altair Inspire软件,在键盘上按F2、F3键,分别打开"模型浏览器"和"属性编辑器",再按F7键,打开"演示浏览器"。

② 在左上角找到"文件"下拉列表框,单击"打开"|"导入"命令(见图11-4),找到"Flap Actuator Bracket.stmod"文件模型,单击"打开"按钮(见图11-5)。打开的飞机襟翼机构原始模型如图11-6所示。

图11-4 打开/导入模型

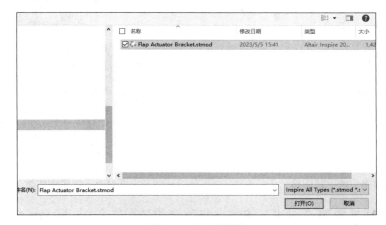

图11-5 打开模型

图11-6 飞机襟翼机构原始模型

(2) 设置地平面:

① 单击功能区的"运动"功能区,从"连接"图标组中选中"地平面"工具。接着选中"固定架"和"后梁"这两个零件,此时该零件变为红色,如图11-7所示。

图11-7 设置地平面

② 按下鼠标右键，划过勾选标记以退出，或双击鼠标右键，完成地平面设置，此时模型浏览器中的后梁和固定架前方图标变为接地 ↧，如图11-8所示。

(3) 创建刚体组：将支架设计空间design space与非设计空间boss1、boss2、boss3、boss4创建为1个刚体组。

① 单击功能区的"运动"功能区，从"连接"图标组中选中"刚体组"工具。在"模型浏览器"中选中"design space""boss1""boss2""boss3""boss4"(共5个零件)进行装配。此时，装配的零件会在模型视窗中变为红色，如图11-9所示。

图11-8　地平面图标

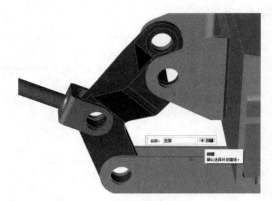

图11-9　创建刚体组

② 单击对话框中的"创建"按钮，将所选的装配零件(即design space、boss1、boss2、boss3、boss4)创建为一个刚体组。

③ 按下鼠标右键，划过勾选标记以退出，或双击鼠标右键。

(4) 创建铰接连接零件：

① 单击功能区的"运动"功能区，从"连接"图标组中选中"铰接"工具。此时将自动检测需要连接的位置，并以红色显示，如图11-10所示。

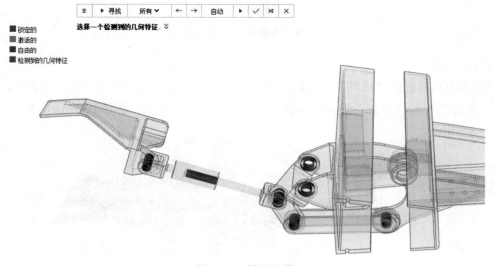

图11-10　铰接设置

② 在对话框中，单击确认图标(勾号)，完成默认("所有""自动")的连接设置，如图11-11所示。

图11-11 铰接对话框

③ 未检测到的第8个铰接，需要手动添加。单击接触的面，显示红色，再单击红色面，创建一个新的铰接，如图11-12所示。

④ 此时，模型浏览器中会出现新设定的8个铰接，如图11-13所示。

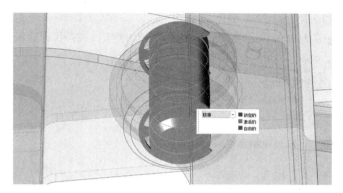 

图11-12 手动创建铰接　　　　　　　　图11-13 铰接设置显示

⑤ 单击功能区的"运动"功能区，从"连接"图标组中选中并打开"铰链表"工具。弹出铰接表，如图11-14所示，其中七个为模型活动零件之间的铰接，另外一个是驱动1缸和驱动1杆之间的圆柱铰接。

铰接	名称	连接类型	零件	状态	检测到的几何特征	材料	运行状态
	铰接 1	铰接	驱动1缸, 固定架, 驱动1...	激活的	对齐的孔	Steel (AISI 304)	默认
	铰接 2	铰接	驱动1杆, boss 1, 驱动1...	激活的	对齐的孔	Steel (AISI 304)	默认
	铰接 3	铰接	boss 4, design space,...	激活的	对齐的孔	Steel (AISI 304)	默认
	铰接 4	铰接	boss 3, design space,...	激活的	对齐的孔	Steel (AISI 304)	默认
	铰接 5	铰接	双连杆, 蝶翼肋架, 双连杆	激活的	对齐的孔	Steel (AISI 304)	默认
	铰接 6	铰接	双连杆, boss 2, 双连杆	激活的	对齐的孔	Steel (AISI 304)	默认
	铰接 7	圆柱	驱动1缸, 驱动1杆	激活的	圆柱副	Steel (AISI 304)	默认
	铰接 8	铰接	后梁, 蝶翼肋架, 后梁	激活的	对齐的孔	Steel (AISI 304)	默认

图11-14 铰接列表

(5) 设置平动电机：

① 创建电机。首先单击功能区的"运动"功能区，从"力"图标组中选中"平动电机"工具。然后单击平动电机图标，软件将自动寻找需要设置电机的零件。如果没检测出需要设置电机的零件，则需要手动设置，所选的孔将变为红色。自动检测出来的平动电机位置如图11-15所示。接着，再次单击该红色区域，将平动电机的驱动类型设置为位移，平动电机由初始位置向支架方向运动。此时将显示一个箭头，如图11-16所示。

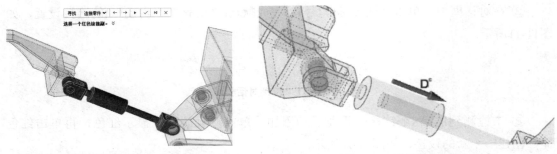

图11-15　自动寻找平动电机位置　　　　图11-16　创建平动电机

② 修改电机参数。首先，在小对话框中，将平动电机的类型设置为默认位移，将波峰间值改为35mm，将轮廓函数由步进改为单波，结果如图11-17所示。然后，在小对话框中，单击"轮廓编辑器"，弹出轮廓编辑器，将"开始时间""时间间隔"等设置为默认数值，结果如图11-18所示。最后关闭属性编辑器。

图11-17　修改电机属性

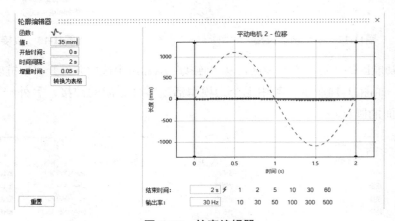

图11-18　轮廓编辑器

③ 设置重力。单击功能区的"运动"功能区，从"力"图标组中选中"重力"工具。默认重力为Z的负方向，如图11-19所示。按下鼠标右键，划过勾选标记以退出，或双击鼠标右键。

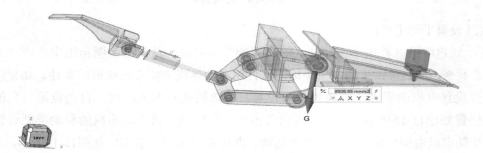

图11-19　默认重力大小和方向

(6) 设置材料：

① 单击功能区的"结构仿真"功能区，选中"材料"工具。默认材料为AISI 304，如图11-20所示。

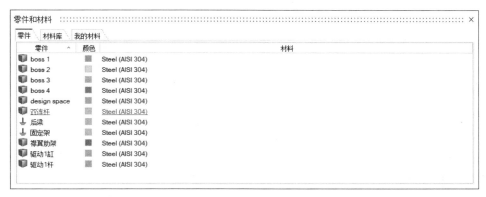

图11-20 默认材料为AISI 304

如果默认材料不是AISI 304，可以直接用鼠标右键单击材料，其中有很多自带的材料供选择，如图11-21所示。

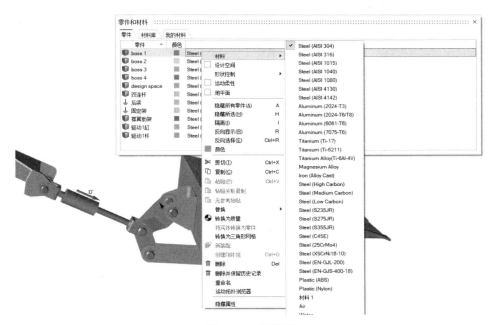

图11-21 材料库

② 创建新材料。在零件和材料设置区域，打开"我的材料"，单击"+"图标，创建"材料1"，如图11-22所示。

修改材料参数。双击"材料1"，将新的材料命名为 AL2014-AREO。材料性能：弹性模量73.100E+03 MPa，泊松比0.330，密度 2.800E-6 kg/mm^3，屈服强度 414.000E+00 MPa。参见图11-23。

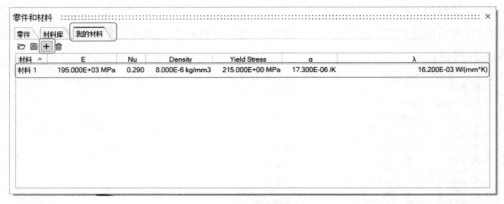

图11-22　创建新的材料

图11-23　设置材料参数

③ 材料分配。按照要求将固定架和支架(包括 design space、boss1、boss2、boss3、boss4)这两个部分的材料设置成AL2014-AREO，其他零件的材料为AISI 304，如图11-24所示。

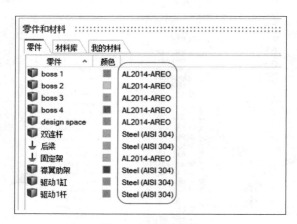

图11-24　材料分配

(7) 分析运动：

① 通过运行运动分析查看机构运行状态。首先单击功能区的"运动"功能区，从"运行"图标组中选中并单击"分析运动"图标上的快速运行按钮，以查看运动中的模型。此时，模型将进行一次周期运动。然后，双击鼠标以查看运动的结果，最后退出复查模式。

② 将分析类型改为"静力学"并重新运行分析。首先将鼠标光标悬停在"分析运动"工具上，然后单击"运行设置"图标，打开"运行运动分析"对话框。运动分析类型

可为瞬态、静力学或两者皆有。瞬态分析用于将动态效果包含于依赖时间的运动仿真中。若启用"平衡时开始",则先从平衡解开始。静力学分析用于决定机构的静力平衡位置。这种分析类型要忽略所有速度和阻尼项,这有助于分析载荷,而不必考虑动态效果。

接着,在弹出的"运行运动分析"对话框中,将结束时间设置为2s,然后选择"瞬态"分析类型,如图11-25所示。

图11-25　创建新的材料

接下来单击"运行"按钮以执行试运行,此时,模型将进行一次周期运动。

最后单击"关闭"按钮以关闭"运行运动分析"对话框。

(8) 查看运动分析结果:

① 在步骤(7)中单击"运行"按钮后,软件模型视图中将会出现结果查看进度条。在对应字段中输入数值或拖动滑动条,将动画工具栏中的时间改为0.80s,如图11-26所示。

图11-26　结果查看进度条

② 在"模型浏览器"中选定"铰接2",绘制连接件力的结果,如图11-27所示。

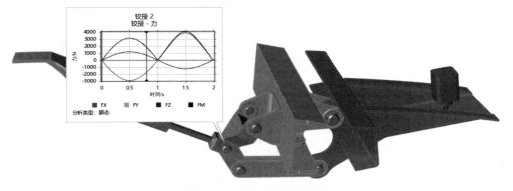

图11-27　铰接2的运动结果

③ 右击此图表,并选择"扭矩",以查看扭矩变化,如图11-28所示。

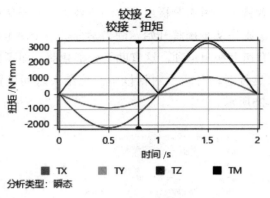

图11-28　铰接2的扭矩运动结果

④ 单击空白区域以退出图表。

⑤ 按下鼠标右键，划过勾选标记以退出，或双击鼠标右键。

(9) 分析支架零件力学性能：

① 单击功能区的"运动"功能区，在"运行"图标组中单击"分析零件"图标上的"运行分析"按钮，以分析支架的力学性能。

② 单击支架零件，此时支架零件颜色为红色，并弹出"运行零件分析"对话框，如图11-29所示。

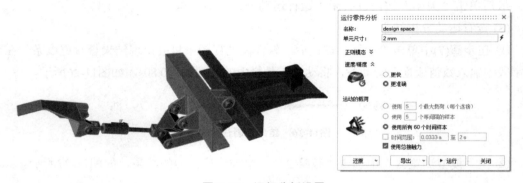

图11-29　运行分析设置

③ 单击"运行"按钮，弹出"运行状态"对话框，进行零件性能分析计算，如图11-30所示。

图11-30　运行状态

④ 完成分析后，"分析"图标上将显示绿色旗帜，"运行状态"对话框中的"状态"为"完成"(勾号)，如图11-31所示。

图11-31 运行结束状态

⑤ 双击"运行状态"对话框中的名称"design space"即可查看结果，或者单击"design space"，然后单击"现在查看"按钮，弹出分析浏览器，以查看力学性能仿真设计结果，如图11-32所示。

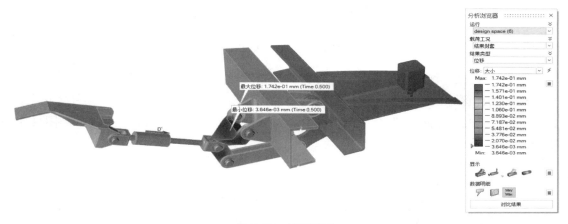

图11-32 查看结果

⑥按下鼠标右键，划过勾选标记以退出，或双击鼠标右键。初始分析结果如表11-3所示。

表11-3 初始分析结果

最大米塞斯应力/Mpa	最大位移/mm	最小安全系数
201.9	0.1742	2.1

(10) 优化支架零件：

① 定义设计空间。右击"design space"零件，打开右键菜单，然后选择"设计空间"，支架颜色将变为咖啡色，如图11-33所示。

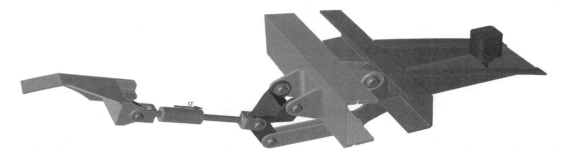

图11-33 设置设计空间

② 设置形状控制。单击功能区的"结构仿真"选项卡，选中"形状控制"工具中的"施加对称控制"按钮，和"拔模方向"按钮，通过施加形状控制，能够实现其他一些需要在优化中达成的设计目标。本案例暂不选择形状控制，如图11-34所示。

图11-34　无形状控制

③ 运行优化。优化零件前，先运行一次静态运动分析，见步骤(7)。先单击功能区的"运动"功能区，从"运行"图标组中选中"优化零件"图标上的"运行零件优化"按钮。此时"design space"会被自动选中，因为它是唯一可优化的设计空间，如图11-35所示。

图11-35　运行零件优化

然后，将最小厚度约束设置为5mm，单击"运行"按钮，执行零件优化。优化完成后，会有一个绿色的勾号出现在"运行状态"对话框中，如图11-36所示。

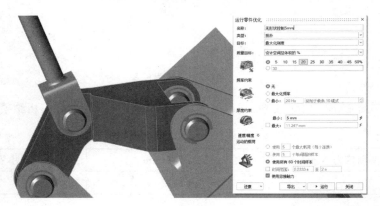

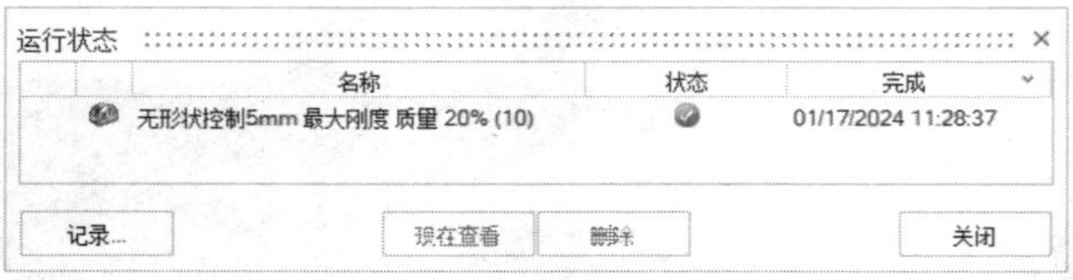

图11-36　运行结束状态

接着双击"运行状态"对话框中的名称"design space"以查看结果，或者单击"design space"，然后单击"现在查看"按钮。此时会显示优化后的形状，如图11-37所示。

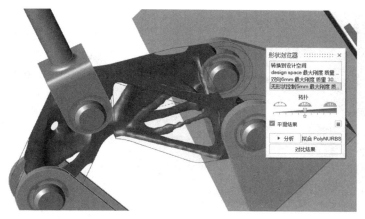

图11-37 优化后的新设计结构

接下来通过移动拓扑滑块,进行优化后的结构的探索,并单击形状浏览器中的"分析"按钮,进行概念性模型的力学性能分析,以初步确认模型是否满足设计要求。

最后按下鼠标右键,划过勾选标记以退出,或双击鼠标右键。

④ 几何重构。单击形状浏览器中的"拟合PolyNURBS"按钮,进行拟合PolyNURBS几何重构,图11-38展示了几何重构后的模型。

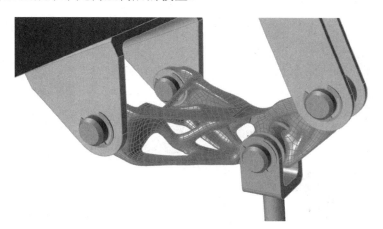

图11-38 拟合PolyNURBS几何重构

(11) 机构运动校核:

① 选择"视图"下拉菜单,单击"模型配置"命令,接着在模型浏览器中取消勾选原始模型"design space",即原始支架模型不参与计算,如图11-39所示。

② 按下鼠标右键,划过勾选标记以退出,或双击鼠标右键。

③ 单击功能区的"运动"功能区,从"连接"图标组中选中"刚体组"工具。在模型浏览器中选中"design space"和"boss1""boss2""boss3""boss4"零件。此时,被选中的部分在模型视窗中变为红色,如图11-40所示。

图11-39 模型配置

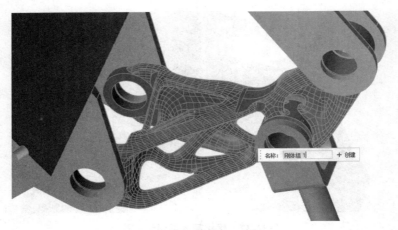

图11-40 创建刚体组

④ 单击对话框中的"创建"按钮,将所选的"design space"和"boss1""boss2""boss3""boss4"零件创建为一个刚体组。

⑤ 按下鼠标右键,划过勾选标记以退出,或双击鼠标右键。

⑥ 单击功能区的"运动"功能区,从"连接"图标组中选中"铰接"工具。此时在设计空间和非设计空间需要连接的位置做铰接,创建成功后将显示绿色,如图11-41所示。

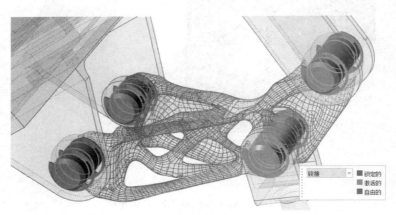

图11-41 铰接设置

⑦ 单击功能区的"运动"功能区,从"运行"图标组中选中"分析运动"图标上的"快速运行"按钮,以查看运动中的模型。此时,模型将进行一次周期运动。

⑧ 双击鼠标以查看运动的结果,然后退出运动校核模式。

11.3 摩托车结构部件的拓扑优化

- 案例要求:已知摩托车结构部件(见图11-42),根据摩托车实际的受载情况对该部件进行适当的简化,主要的载荷来自减震器端和车架连接端,三组安装孔的载荷表明安装孔的固定情况(见图11-43)。

图11-42 摩托车结构部件示意图

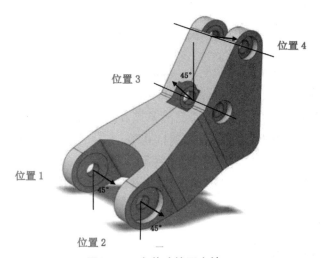

图11-43 安装孔的固定情况

1. 零件拓扑优化的基本步骤

零件拓扑优化主要包括以下三个环节：运动分析、仿真分析与优化设计。具体包括以下基本步骤(见图11-44)：

(1) 导入模型

(2) 设置材料和载荷

(3) 强度分析

(4) 设置设计空间和形状控制

(5) 生成优化结果

(6) 几何重构

(7) 强度校核

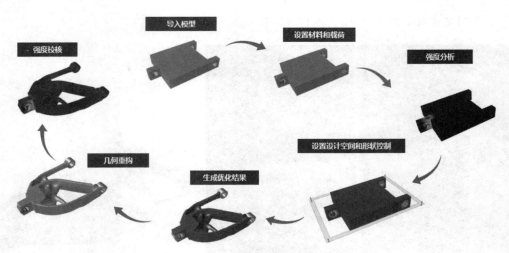

图11-44 零件拓扑优化的基本步骤

2. 零部件材料及载荷条件设置

(1) 材料：ABS(杨氏模量 2000 MPa、泊松比 0.35、密度 1060 kg/m³、屈服应力 45 MPa)。

(2) 约束：无，使用惯性释放。

(3) 载荷：

① 位置 1：350 N，平行于 X-Z 平面，与 Z 负方向夹角 45°。

方向向量(-0.70711，0，-0.70711)(见图11-43)。

② 位置 2：350 N，平行于 X-Z 平面，与 Z 负方向夹角 45°。

方向向量(-0.70711，0，-0.70711)(见图11-43)。

③ 位置 3：1350 N，平行于 X-Z 平面，与 Z 正方向夹角 45°。

方向向量(0.70711，0，0.70711)，作用点在两孔连接中心位置(连接器连接)(见图11-43)。

④ 位置 4：X 负方向 900 N。

作用点在两孔连接中心位置(连接器连接)(见图11-43)。

3. 操作步骤

(1) 打开 Motorbike 模型：打开 Altair Inspire 软件，在键盘上按 F2、F3 键，分别打开"模型浏览器"和"属性编辑器"，再按 F7 键，打开"演示浏览器"。然后，在左上角找到"文件"下拉列表框，导入并打开 Motorbike 模型(摩托车结构部件)，如图11-45所示。

(2) 设置材料：

① 创建新材料ABS(杨氏模量 2000 MPa、泊松比 0.35、密度 1060 kg/m³、屈服应力 45 MPa)，打开"结构仿真"功能区，单击"材料"图标，如图11-46所示。

图11-45 摩托车结构部件原始模型

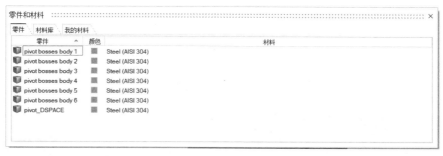

图11-46　材料库

② 单击"我的材料"，再单击"+"图标，创建新的材料，如图11-47所示。

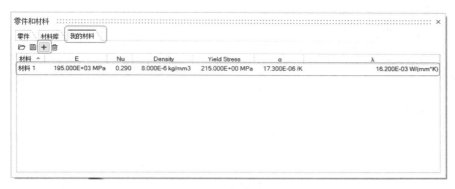

图11-47　创建材料1

③ 设置材料属性(材料名：ABS。属性：杨氏模量 2000 MPa、泊松比 0.35、密度 1060 kg/m³、屈服应力 45 MPa)。

④ 将零件材料全部更改为ABS。

(3) 设置载荷(力、约束、连接器)：

① 创建连接器。首先单击功能区的"结构仿真"功能区，选择"连接器"工具，将位置3和位置4(见图11-43)的孔与孔连接，被选中的面将会显示红色，如图11-48所示。然后打开连接器表以查看连接类型，如图11-49所示。

② 设置连接器。首先单击功能区的"结构仿真"功能区，从"载荷"图标组中选中"力"工具，在位置1和位置2(见图11-43)分别施加350N的力1和力2，如图11-50所示。然后展开"坐标"下拉列表框，分别为力1和力2填写坐标参数(-0.70711，0，-0.70711)，如图11-51所示。

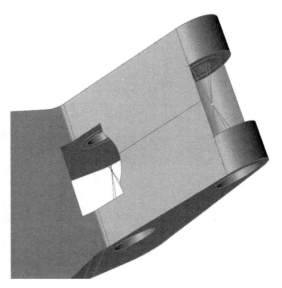

图11-48　设置连接器

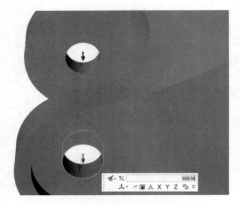

图11-49 连接器表

图11-50 力1、力2设置

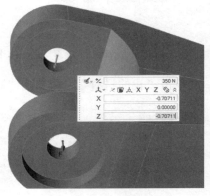

图11-51 坐标参数

在位置3(见图11-43)的连接中心点施加力3：1350N，坐标参数(0.70711，0，0.70711)。参见图11-52。

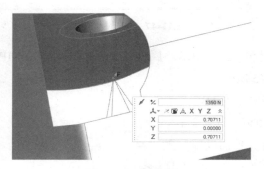

图11-52 力3设置

在位置4(见图11-43)的连接中心点施加力4：900N，X的负方向。鼠标第一次单击时X是正方向，第二次单击时X为负方向，如图11-53所示。

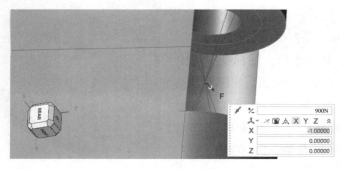

图11-53 力4设置

(4) 初始分析：

① 单击功能区的"结构仿真"功能区，选择"分析"图标旁边的"运行分析设置"工具，打开参数面板，单击闪电小图标，自动计算模型的单元尺寸，勾选"使用惯性释放"复选框，"速度/精度"为"更准确"。参见图11-54。

图11-54 分析参数设置

② 单击"运行"按钮，打开"运行状态"对话框，如图11-55所示。

图11-55 运行状态

③ 运行成功后，双击绿色图标以查看分析结果，如图11-56所示。分析结果如图11-57所示。

④ 按下鼠标右键，划过勾选标记以退出，或双击鼠标右键。

图11-56 运行状态

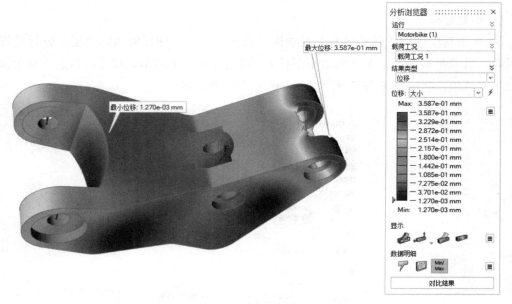

图11-57 分析结果

(5) 拓扑优化零件：

① 定义设计空间。首先右击 pivot_DSPACE 零件，打开右键菜单，然后选择"设计空间"，设计空间区域将变为咖啡色，如图11-58所示。

图11-58 设计空间

② 设置形状控制。首先从"形状控制"工具中选择"施加拔模方向"命令，选中二级功能区中的"双向拔模"选项。然后，选中pivot_DSPACE 设计空间，此时显示双向拔模方向，如图11-59所示。

③ 运行优化。首先单击功能区的"结构仿真"功能区，从"运行"图标组中选中"优化零件"图标上的"运行零件优化"命令，如图11-60所示。然后，将最小厚度约束设置为 7.75mm，单击"运行"按钮以执行零件优化。优化完成时，会有一个绿色的勾号出现在"运行状态"对话框中。

第 11 章 轻量化设计

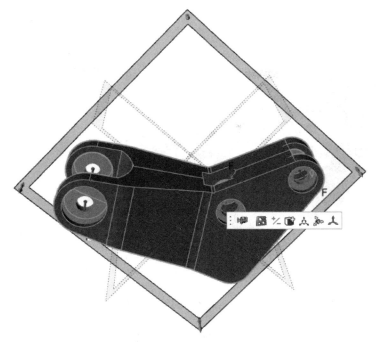

图11-59　形状控制

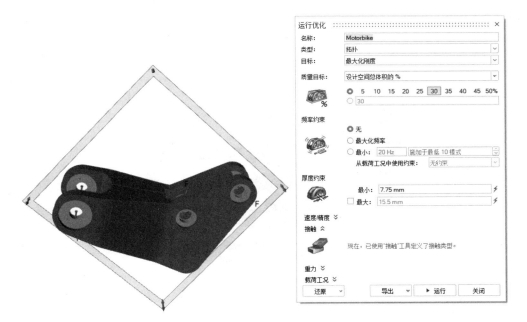

图11-60　运行优化参数

接着，双击"运行状态"对话框中的名称"pivot_DSPACE"以查看结果，或者单击"pivot_DSPACE"，然后单击"现在查看"按钮。此时会显示优化后的形状，如图11-61所示。

接下来通过移动拓扑滑块，进行优化后的结构的探索，并单击形状浏览器中的"分析"，进行概念性模型的力学性能分析，以初步确认模型是否满足设计要求。

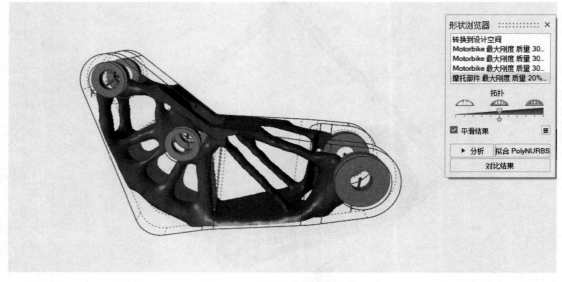

图11-61　优化后的新设计结构

最后，按下鼠标右键，划过勾选标记以退出，或双击鼠标右键。

④ 几何重构。单击功能区的"PolyNURBS"功能区，用包覆工具进行几何重构，可以用手动包覆的方式，也可以用自动包覆的方式，图11-62展示了几何重构后的模型。

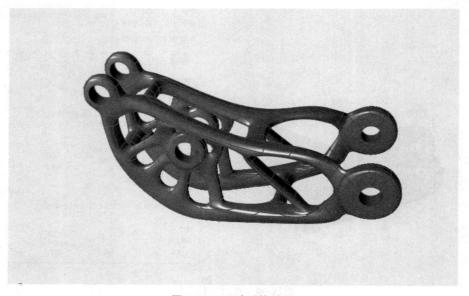

图11-62　手动重构结果

(6) 强度校核：

① 单击功能区的"结构仿真"功能区，选择"分析"图标旁边的"运行分析设置"工具，打开参数面板，单元尺寸应和初始分析的单元尺寸保持一致，勾选"使用惯性释放"复选框，"速度/精度"为"更准确"。参见图11-63。

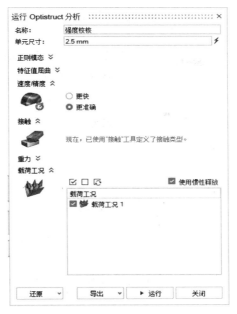

图11-63 强度校核分析参数

② 单击"运行"按钮,弹出"运行状态"对话框,进行零件性能分析计算。

③ 分析完成后,"分析"图标上将显示绿色旗帜。

④ 双击"运行状态"对话框中的名称以查看结果,弹出分析浏览器,查看力学性能仿真设计结果。

⑤ 要求:最大变形位移小于 1.2 mm,安全系数大于1.2。

上机练习

请扫描下方二维码,下载本章课后习题以及配套资源,完成上机练习。

参考文献

[1] 葛友华. CAD/CAM技术[M]. 北京：机械工业出版社，2003.

[2] 乔立红，郑联语. 计算机辅助设计与制造[M]. 北京：机械工业出版社，2014.

[3] 王隆太. 机械CAD/CAM技术[M]. 北京：机械工业出版社，2017.

[4] 卢秉恒，李涤尘. 增材制造(3D打印)技术发展[J]. 机械制造与自动化，2013，42(4).

[5] 李志新，黄曼慧，成思源. 逆向工程技术及其应用[J]. 现代制造工程，2007(2)：3.

[6] 张越. 衍生式设计：未来设计制造的中级尝试[J]. 中国信息化，2016(9)：3.

[7] B. 克莱恩，陈力禾. 轻量化设计[M]. 北京：机械工业出版社，2010.

[8] 周红桥，张红旗，陈兴玉. 机械产品三维数字化工艺标准体系研究[J]. 中国标准化，2012(12)：5.

[9] 李铁钢. 数字化设计和制造标准研究[J]. 企业技术开发旬刊，2013.

[10] 陈帝江，张红旗，肖承翔. 数字化设计与制造重点基础国家标准研究[J]. 标准科学，2015(12)：5.

[11] T/SCGS 303003—2019. 机械产品三维建模通用要求[S].